·儒学学科丛书·

朱汉民 舒大刚 主编

孝经研读

舒大刚 李冬梅 李红梅 著

上海古籍出版社

图书在版编目(CIP)数据

孝经研读 / 舒大刚，李冬梅，李红梅著. -- 上海 ：上海古籍出版社，2024. 8. --(儒学学科丛书).
ISBN 978-7-5732-1303-7

Ⅰ. B823. 1

中国国家版本馆 CIP 数据核字第 20240KP343 号

儒学学科丛书
孝经研读
舒大刚　李冬梅　李红梅　著
上海古籍出版社出版发行
(上海市闵行区号景路 159 弄 1－5 号 A 座 5F　邮政编码 201101)
(1) 网址：www.guji.com.cn
(2) E-mail：guji1@guji.com.cn
(3) 易文网网址：www.ewen.co
商务印书馆上海有限公司印刷
开本 700×1000　1/16　印张 8.5　插页 40　字数 181,000
2024 年 8 月第 1 版　2024 年 8 月第 1 次印刷
ISBN 978-7-5732-1303-7
G · 750　定价：52.00 元

国际儒学联合会委托项目“中国儒学试用教材”系列成果

尼山世界儒学中心（中国孔子基金会）《儒藏》系列成果

湖南大学岳麓书院国学研究院“岳麓书院国学文库”系列成果

四川大学创新2035计划“儒释道融合创新”系列成果

四川大学国际儒学研究院、古籍整理研究所规划项目

四川省哲学社会科学重点研究基地儒学研究中心规划项目

四川省哲学社会科学普及基地经学文化普及基地规划项目

海南省东坡文化研究与传播中心“文献整理”系列成果

编委会名单

出 版 说 明

儒学(或经学)作为主流学术在中国流行了2 000余年,形成了系统的经典组合、历史传承、学术话语等体系,积累了丰富的学术思想、制度设施和教育成果,我们今天所说的“中华优秀传统文化”,儒学无疑是其主体内容。

从《尚书》“敷五教”,《周礼》“乡三物”,到孔子“文、行、忠、信”四教,以及他所培养的“德行”“政事”“言语”“文学”四科人才,儒学都以特色鲜明的学科体系、学术体系和话语体系,作育人才,淑世济人。可是,自从民国初年废除“经学”科以后,儒学学科便被肢解分散,甚至被贬低抛弃,儒学研究和人才培养顿时体系不再,学科不存,绕树三匝无枝可依。这极不利于民族文化自觉和当代学术振兴。

为寻回中华民族久违了的教育轨迹、古圣先贤的学术道路,重构当代中国特色、中国风格的学科体系,四川大学国际儒学研究院于2016年接受国际儒学联合会的委托,从事“中国儒学试用教材”编撰和儒学学科建设研究。嗣后邀请到北京大学(干春松)、清华大学(廖名春)、北京师范大学(李景林)、中国孔子基金会(王钧林)、山东大学(颜炳罡)、山东师范大学(程奇立)、中国孔子研究院(杨朝明)、湖南大学(朱汉民、肖永明)、西南政法大学(俞荣根)、陕西师范大学(刘学智)、四川师范大学(蔡方鹿)、四川大学(舒大刚、杨世文、彭华),以及韩国首尔大学(郭沂)等校专家,参加讨论并分工撰写,由舒大刚、朱汉民总其成。数年以来,逐渐形成“儒学通论”“经典研读”“专题研究”等三个系列,差可满足人们了解儒学,学习经典,深入研究的需要。现以收稿早晚为序,分批逐渐出版,以飨读者。其有未备,识者教焉。

四川大学国际儒学研究院

湖南大学岳麓书院国学研究院

2019年12月

目　　录

附　录

影印清阮元刻《孝经注疏》

影印《古文孝经孔传》（《知不足斋丛书》本）

凡　　例

1. 本书正文前有《孝经》导读，后接《孝经》集注。集注囊括汉郑玄注、唐玄宗注、《古文孝经》宋司光指解、范祖禹说。最后附录《古文孝经》《女孝经》《忠经》《廉矩》、四家序跋全文和《孝经注疏》《古文孝经孔传》影印版。力图将《孝经》今文古文全貌、汉学宋学都得到展示，以供初读者一并参考。

2.《孝经》集注部分。经文据民国四川大学教授龚道耕《孝经郑注》辑本为底本(李冬梅校点。后文称“原本”)，参校敦煌写本《孝经郑注》残卷(李红梅校)、石台《御注孝经》本、阮元校刻《孝经注疏》本。

3. 郑玄注文亦据龚道耕辑本(“原本”)为主。经文(宋体字)后以“郑玄注：”三字明示，后接郑注正文(同大楷体字)。龚氏推理判断之辞则以小一号楷体字表示，并尽可能保留龚道耕整理痕迹，如其自述引文出处“《治要》《释文》”，以求存龚氏辑本原貌。

4. 郑注内容参校清光绪乙未师伏堂皮锡瑞《孝经郑注疏》，其中还对所引《群书治要》本，参校《四部丛刊》影印日本天明本及金泽文库所藏镰仓时代钞本。同时，中国台湾陈铁凡《孝经郑注校证》据敦煌本进行校补，张涌泉等《敦煌经部文献合集》又对敦煌各本进行释读，本次也据以补足龚氏辑本所缺郑注内容，加( )以示区别(个别文字有异不加)，并出校勘记加以说明。

5. 唐玄宗《孝经注》、司马光《指解》、范祖禹《说》，以文渊阁《四库全书》合编本为底本，皆提行按时代先后置于龚氏辑“郑注”后。玄宗《注》参校石台《孝经》碑、清嘉庆阮元校刻《十三经注疏》本、日本宫内厅藏北宋天圣本《御注孝经》；司马光《指解》、范祖禹《说》，参校《通志堂经解》本。

6. 龚道耕所引陆德明《经典释文》，参考了国图藏宋刻元修本；所据《孝经正义》，参校元泰定本《孝经正义》；所引《白虎通义》《太平御览》等类文献，也与通行本核对。

7. 文中虚词、古今字、异体字、避讳除首见外，以下不出校勘记，如“也”“矣”，“燎”“賨”，“民”“人”，“治”“理”之别。

《孝经》导读

中国是一个以经典为文本、以圣人为教师的国度，儒家经孔子删定的“六经”（或“五经”）以及后来形成的“十三经”，就是中华文化的根魂和源头活水。不过，“十三经”文成六十三万五千九百余言，不是人人可以读完的。如果要问“有没有篇幅短小、影响深远而又内容充实的经典”，人们第一反应无疑是篇幅不足两千字的《孝经》。《孝经》是“十三经”中文字最少的一部，但就其内容的涵盖性和权威性，影响的普遍性和深刻性而言，在历史的长河中，没有哪一部书可与之相比。它不但被历代统治者奉为治理天下的至德要道，还被普通百姓视为为人处事的百善箴言。《孝经》以极小的篇幅实现了极大的影响，无怪乎它兼有“圣人言行之要”“六经之总会”“六艺统宗”等美誉了！

一、《孝经》的作者

“读其书，想见其人。”我们诵读《孝经》，必然要问起《孝经》的作者是谁。自汉以来，相传《孝经》是两千五百多年前孔子口授给曾参而由曾参（或其门人）写录成书的。孔子是儒家学派的缔造者，被奉为大圣人；曾子是孔子的得意弟子，是孝贤之人；孝道是百善之先，德教之本。《孝经》是由儒家圣贤合力创作的讲德教根本问题的经典，不仅圣有德而贤有功，并且德有根而教有本，《孝经》代表了圣心贤志、圣道王功，其地位的崇高性可想而知。

相传孔子说：“吾志在《春秋》，行在《孝经》。”《春秋》在于拨乱反正，实现公平正义；《孝经》在于正德端行，移风易俗。郑玄《六艺论》说：“孔子以《六艺》题目不同……故作《孝经》以总会之。”[①]《孝经》正是孔子为了实现

① （清）阮元：《十三经注疏·孝经注疏》，《孝经注序》，北京：中华书局，2009年，第5518页。

以《春秋》为代表的《六经》目标,而制作的实践纲领。唐代陆德明也说:"《孝经》者,孔子为弟子曾参说孝道,因明天子庶人五等之孝,事亲之法。"(《经典释文·序录》)《孝经》的适应对象,不仅涵盖读书人(士)和劳动者(庶人),还包括天子、国君和卿大夫,是所有生民的共同纲领。

"孔子作《孝经》"本是从汉代到唐代千年间学人的共同看法,但是随着宋代以后疑古思潮渐兴,人们又提出《孝经》作者的各种说法。归纳起来,从古至今至少有十种观点:一是孔子作,二是孔子门人作,三是曾子作,四是曾子门人作,五是子思作,六是齐鲁间陋儒作,七是孟子门人作,八是西汉末年拼凑说,九是乐正子春弟子作,十是集体创作说。

(一) 众说一览

1. 孔子作《孝经》是最早被提出的主流说法,具体详下。

2. 孔子门人作。司马光《古文孝经指解自序》:"孔子与曾参论孝而门人书之,谓之《孝经》。"唐仲友《孝经解自序》:"孔子为曾参言孝道,门人录之为书,谓之《孝经》。"

3. 曾子作。有人将司马迁《史记》的话作如此断句:"曾参……少孔子四十六岁。孔子以为能通孝道,故授之业。作《孝经》。"①《孝经》就成为曾子的行为了。此说元人熊禾从之,今人亦多主此。

4. 曾子门人作。胡寅:"《孝经》……非曾子所自为也。曾子问孝于仲尼,仲尼语之,曾子退而与门弟子言之,门弟子类而成书也。"晁公武、何异孙、姚鼐等从之。

5. 子思所作。冯椅曰:"子思作《中庸》,追述其祖之语乃称字,是书(《孝经》)当成于子思之手。"

6. 齐鲁间陋儒作。朱熹曰:"《孝经》疑非圣人之言。"又曰:"《孝经》独篇首六七章为本经,其后乃传文。然皆齐鲁间陋儒纂取《左氏》诸书之语为之,至有全然不成文理处。"

7. 孟子所作。陈澧《东塾读书记》:"《孟子》七篇中与《孝经》相发明者甚多。"王正己《孝经今考》也赞成此说:"《孝经》的内容很接近孟子的思想,所以《孝经》大概可以断定是孟子门弟子所著的。"(以上诸说皆见《古史辨》第四册)

---

① (西汉)司马迁:《史记》卷六七《仲尼弟子列传》,北京:中华书局,1959年,第2205页。

8. 近代以来,疑古之风盛行,将古籍成书说得越来越晚,汉儒(甚至西汉末年)所作说甚有市场。蒋伯潜《诸子通考》:“西汉诸帝特崇孝道……《太史公自叙》引其父谈临卒之言曰:‘且夫孝,始于事亲,中于事君,终于立身,扬名于后世,以显父母,此孝之大者。’此与《孝经》首章之言完全相同。《春秋繁露》曰:‘父授之,子受之,天之道也。故曰“夫孝天之经也”,此之谓也。’又曰:‘孝子之行取诸土。……此谓“孝者地之义也。”’此直似《孝经》‘夫孝天之经也,地之义也’句之注释。但董仲舒亦未尝明言‘孝为天经地义’之言见于《孝经》也。盖此时孝之提倡已盛,此类言论已多,故司马谈、董仲舒云然,作《孝经》者乃采集之,非《史记》及《春秋繁露》引《孝经》也。则《孝经》之作,当在汉武帝之后矣。”蒋先生又据朱熹说《孝经》有与《左传》雷同的句式,即朱说“《左传》自张禹传之之后,始渐行于世。则《孝经》者盖其时之人所为”,认为:“据此,则《孝经》之作,直在西汉末世矣。”于是形成第八说,即西汉末年说。

9. 此外,还有第九说:乐正子春弟子或再传弟子所作说。胡平生《〈孝经〉是怎样一本书》:“《孝经》在战国晚期曾由乐正子春的弟子(或再传弟子)加以整理”而成。

10. 还有第十说,即集体创作说:“《孝经》应该是儒家集体创作的。”以为“《孝经》文本应是在春秋晚期就形成了,以后可能又经增删、润色而成”。并引用顾炎武的话说:“《左氏》之书,成之者非一人,录之者非一世,可谓富矣。”①便认为《孝经》成书过程也是如此。②

真是短短一经,作者纷出,歧说多端,可惜多系猜测,并未提出令人信服的证据。有的甚至掩盖真相,歪曲证据,如上述董仲舒那段话,本来就是回答河间献王问“《孝经》曰‘夫孝天之经地之义’何谓也”而说的,怎么就不能证明“见于《孝经》”呢?根据文献显示,在先秦时期《孝经》已为文献多次引述,《吕氏春秋·孝行篇》:“笃谨孝道,先王之所以治天下也。故爱其亲,不敢恶人;敬其亲,不敢慢人。爱敬尽于事亲,光耀加于百姓,究于四海,此天子之孝也。”与《孝经·天子章》文字大抵相同(“子曰:爱亲者不敢恶于人,敬亲者不敢慢于人。爱敬尽于事亲,而德教加于百姓,刑于四海。盖天子之孝也。”只是“德教”作“光耀”、“刑”作“究”而已)。

---

① (清)顾炎武撰,黄汝成集释:《日知录集释》卷四《〈春秋〉阙疑之书》,北京:中华书局,2020年,第170页。

② 张晓松:《“移孝作忠”——〈孝经〉思想的继承与发展》,《孔子研究》2006年第6期。

又《察微篇》更明确引:"《孝经》曰:'高而不危,所以长守贵也;满而不溢,所以长守富也;富贵不离其身,然后能保其社稷,而和其民人。'"因此宋代博学的黄震就说:"观此所引,然则《孝经》固古书也。"清人汪中也说:"《孝行》《察微》二篇并引《孝经》,则《孝经》为先秦之书明。"何须汉代才成书呢?

(二)孔子作《孝经》

首先,汉代人直接将《孝经》当成孔子的作品来引用。陆贾《新语·慎微》:"孔子曰:'有至德要道,以顺天下。'言德行而其下顺之也。"这显然是在引用《古文孝经》首章"先王有至德要道,以顺天下,民用和睦,上下无怨"的说教。又说"夫建大功于天下者,必先修于闺门之内……曾子孝于父母,昏定晨省"云云,明确提出了重振孝悌伦理。又说:"修之于内,著之于外;行之于小,显之于大。"①这也是《古文孝经》"闺门之内具礼矣乎""是以行成于内,而名立于后世矣"的翻版。

又《新语·无为》:"孔子曰:'移风易俗,岂家至之哉?先之于身而已矣。'"②唐晏《校注》:"按,'移风易俗'句,出《孝经》。"王利器《校注》:"《孝经·广要道章》文也。"唐、王二氏皆以为"移风易俗"出于《孝经》,至确。不过,下面一句另一版本作"岂家令而人视之哉,亦取之于身而已矣",也是化用《孝经·广至德章》"子曰:君子之教以孝也,非家至而日见之也"云云。"家令而人视之"正是《孝经》"家至而日见之"的翻版;"取之于其身"正是对《孝经》下文"教以孝""教以悌""教以臣"云云的归纳。对所引《孝经》语,陆贾都当成"孔子曰",说明早在汉初《孝经》已经流传,并当成孔子所说的经典法语来引证了。

司马迁《史记·仲尼弟子列传》:"曾参……孔子以为能通孝道,故授之业,作《孝经》。""作《孝经》"三字,到底是说谁呢?如果"作"字前为逗号,那么"作"的主语即是孔子;如果是句号,"作"者就是传主曾子了。结合西汉学人对《孝经》作者的普遍看法,以作逗号为得,也更合乎本文语气。这也与《孔子家语》所说"曾参……志存孝道,故孔子因之以作《孝经》"(《七十二弟子解》),更相吻合。

---

① (汉)陆贾撰,王利器注:《新语校证·慎微第六》,北京:中华书局,2012年,第98页。

② (汉)陆贾撰,王利器注:《新语校证·无为第四》,第67页。

《汉书·匡衡传》所载《上元帝书》:"《大雅》曰:'无念尔祖,聿修厥德。'孔子著之《孝经》首章。盖至德之本也。""首章"即《开宗明义章》。匡衡认为《诗经·大雅》"无念尔祖,聿修其德"两句,是孔子引来植入《孝经·开宗明义章》的。衡又有《上成帝书》:"孔子曰:'德义可尊,容止可观,进退可度,以临其民。是以其民畏而爱之,则而象之。'"师古注曰:"《孝经》载孔子之言也。"这段"孔子曰"即见于《孝经·圣治章》,也将《孝经》文字直接视为孔子之作。这些时代都要比班固所据《七略》作者刘歆早很多。

《汉书·王莽传》载莽上书:"孔子著《孝经》曰:'不敢遗小国之臣,而况于公侯伯子男乎?故得万国之欢心,以事先王。'此天子之孝也。'"此语见《孝经·孝治章》。王莽与刘歆同时,也明确提出"孔子著《孝经》"说。

西汉末出现的纬书《孝经钩命决》称孔子曰:"吾志在《春秋》,行在《孝经》。"①虽然纬书多出伪撰,但此语却被公认是"古文师说"(见阮福《孝经注疏补》引阮元语),自是当时公论。

班固除在《汉书·艺文志》说:"《孝经》者,孔子为曾子陈孝道也。"又在整理《白虎通义·五经》时说:"孔子……已作《春秋》,复作《孝经》"云云。

东汉大儒郑玄《六艺论》更明确说:"孔子以《六艺》题目不同,指意殊别,恐道离散,后世莫知根源,故作《孝经》以总会之。"②又撰《孝经注》曰:"弟子曾参有至孝之性,(孔子)故因闲居之中,为说孝之大理,弟子录之,名曰《孝经》。"③将《孝经》说成是孔子讲说、弟子记录的成果。

同时何休《公羊解诂·序》也承认孔子"吾志在《春秋》,行在《孝经》"的说法;牟融《理惑论》:"孔子不以《五经》之备,复作《春秋》《孝经》者,欲博道术、恣人意耳。"④可见,"孔子作《孝经》"两汉之间无异辞。

其后,三国蜀汉人秦宓《与李权书》:"故孔子发愤作《春秋》,大乎居正;复制《孝经》,广陈德行,杜渐防萌,预有所抑。是以老氏绝祸于未萌,岂不信邪。"⑤西晋出现的《古文孝经孔传序》也说:"故夫子告其谊,于是曾子

① (东汉)何休:《春秋公羊传序》,载《春秋公羊注疏》卷首,(清)阮元校刻《十三经注疏》本,北京:中华书局,2009年,第4759页。

② (东汉)郑玄:《六艺论》,见(宋)邢昺《孝经注疏》卷首唐玄宗御制《孝经序》题疏引。(清)阮元校刻《十三经注疏》本,北京:中华书局,2009年,第5518页。

③ 胡平生:《孝经译注》,北京:中华书局,2009年,第54页。

④ (南朝梁)僧祐编撰,刘立夫等译注:《弘明集》卷一《牟子理惑论》,北京:中华书局,2013年,第19页。

⑤ (西晋)陈寿:《三国志》卷三八《秦宓传》,北京:中华书局,1982年,第974页。

喟然知孝之为大也，遂集而录之，名曰《孝经》。”旧传陶潜《五孝传》说：“至德要道，莫大于孝，是以曾参受而书之。”也与郑玄之说相符。南朝梁沈约记载：“鲁哀公十四年……孔子作《春秋》，制《孝经》。既成，使七十二弟子向北辰星罄折而立。”①又为孔子作《孝经》增加许多神秘色彩。

隋刘炫《古文孝经述议》：“夫子运偶陵迟，礼乐崩坏，名教将绝，特感圣心，因弟子有请问之道，师儒有教诲之义，故假曾子之言以为对扬之体，乃非曾子实有问也。若疑而始问，答以申辞，则曾子应每章一问，仲尼应每问一答。按经夫子先自言之，非参请也。诸章以次演之，非待问也。且辞义血脉、文连旨环，而《开宗》题其端绪，余章广而成之，非一问一答之势也。”②亦以《孝经》为孔子主动自撰，非因曾子请业，行文只是“假曾子之言，以为对扬之体”，自设问对而已。唐玄宗《御制孝经注 · 序》也相信“吾志在《春秋》，行在《孝经》”的话。宋邢昺《孝经注疏 · 序》也说：“《孝经》者，百行之宗，五教之要。自昔孔子述作，垂范将来”云云。

可见，自汉至北宋，历代学人都认同“孔子作《孝经》”。其他诸说的产生，实从宋代疑古思潮兴起后始。宋人为自立新说，必欲突破汉学体系，甚至大胆怀疑经典，怀疑孔子，此亦时代风气使然，并非正论，亦非有实据，今天实不必再兴波澜。

（三）经、圣契合

据孔子思想史料，可藉由寻出许多与《孝经》契合的例子。孔子是伟大的教育家，也是伟大的伦理学家，由他系统地提出孝道思想肯定没有问题，而他的孝道观念也与《孝经》的思想非常一致。

首先，孔子与《孝经》都主张“敬养结合”。《论语 · 为政篇》：“子游问孝。子曰：‘今之孝者，是谓能养。至于犬马，皆能有养，不敬，何以别乎？’”又：“子夏问孝。子曰：‘色难。有事弟子服其劳，有酒食先生馔，曾是以为孝乎？’”《荀子 · 子道篇》：“子路问于孔子曰：‘有人于此，夙兴夜寐，耕耘树艺，手足胼胝，以养其亲，然而无孝之名，何也？’孔子曰：‘意者，身不敬与？辞不逊与？色不顺与？’”（又见《孔子家语 · 困誓》）与《孝经 · 庶人章》“用天之道，分地之利，谨身节用，以养父母”、《纪孝行章》“子曰：孝

---

① （南朝梁）沈约：《宋书》卷二七《符瑞志》，北京：中华书局，1974 年，第 766 页。

② （宋）邢昺：《孝经序》题疏，《孝经注疏》卷首，（清）阮元校刻《十三经注疏》本，北京：中华书局，2009 年，第 5518 页。

子之事亲也,居则致其敬,养则致其乐”、《广要道章》“礼,敬而已矣”诸说相同。

其二,都认为孝道具有政治功能。《论语·为政篇》:“或谓孔子曰:‘子奚不为政?’子曰:‘《书》云:孝乎惟孝,友于兄弟,施于有政。是亦为政,奚其为为政?’”与《孝经·圣治章》君子躬行孝道“故能成其德教而行其政令”相同;又与《广要道章》“子曰:教民亲爱,莫善于孝。教民礼顺,莫善于悌”、《广扬名章》“子曰:君子之事亲孝,故忠可移于君;事兄悌,故顺可移于长;居家理,故治可移于官”相通。

其三,都是“以孝劝忠”。《论语·为政篇》:子曰:“临之以庄则敬,孝慈则忠。”与《孝经·天子章》“爱敬尽于事亲,而德教加于百姓,刑于四海”、《士章》“以孝事君则忠,以敬事长则顺”、《广扬名章》“君子之事亲孝,故忠可移于君;事兄悌,故顺可移于长”是相通的。

其四,都主张“以孝治天下”。《礼记·祭义》载:“子曰:立爱自亲始,教民睦也;立敬自长始,教民顺也。教以慈睦,而民贵有亲;教以敬长,而民贵用命。孝以事亲,顺以听命,错诸天下,无所不行。”(又见《孔子家语·哀公问政》)与《孝经·孝治章》强调“君子以孝治天下”、《三才章》“先王见教之可以化民也,是故先之以博爱,而民莫遗其亲;陈之以德义,而民兴行”同。

其五,都宣扬“孝为德本”。《论语·学而》载有子说:“其为人也孝悌,而好犯上者鲜矣;不好犯上而好作乱者,未之有也。君子务本,本立而道生,孝悌也者,其为仁之本欤。”史称“有子之言似孔子”,这段话必然是有子闻诸夫子者。《说苑·建本》就引作孔子曰:“君子务本,本立而道生。”《大戴礼记·武王践祚》也载孔子曰:“孝,德之始也;悌,德之序也;信,德之厚也;忠,德之正也。”(又见《孔子家语·弟子行》)又《孔子家语·六本》亦载孔子曰:“立身有义矣,而孝为本。”与《孝经》首章《开宗明义》孔子说:“夫孝,德之本也,教之所由生也”、《三才章》子曰“夫孝,天之经也,地之义也,民之行也”是一致的。

其六,都主张“行孝以礼”。《论语·学而篇》:“子曰:‘父在,观其志;父没,观其行,三年无改于父之道,可谓孝矣。’”又《为政篇》:“孟懿子问孝,子曰:‘无违。……生,事之以礼;死,葬之以礼,祭之以礼。’”《孔子家语·郊问》孔子曰:“不孝者生于不仁,不仁者生于丧祭之无礼也。丧祭之礼,所以教仁爱也;能教仁爱,则服丧思慕,祭祀不解,人子馈养之道;丧祭之礼明,则民孝矣。”其强调对死者服三年之丧，死后行祭祀之礼。这与《孝经·丧亲章》“丧不过三年”“为之宗庙，以鬼享之；春秋祭祀，以时思之；生事爱敬，死事哀戚”相同。其强调依礼行孝，又与《广要道章》“安上治民，莫善于礼”、《礼记·曲礼上》“夫礼者，所以定亲疏、决嫌疑、别同异、明是非也”“道德仁义，非礼不成；教训正俗，非礼不备；分争辨讼，非礼不决；君臣上下、父子兄弟，非礼不定”等思想相同。

其七，都提倡“孝子谏诤”。《论语·里仁篇》：“子曰：‘事父母几谏。见志不从，又敬不违，劳而不怨。’”《荀子·子道篇》：“鲁哀公问于孔子曰：‘子从父命，孝乎？臣从君命，贞乎？’三问。……子贡曰：‘子从父命，孝矣；臣从君命，贞矣。夫子有奚对焉？’孔子曰：‘小人哉，赐不识也。昔万乘之国有争臣四人，则封疆不削；千乘之国有争臣三人，则社稷不危；百乘之家有争臣二人，则宗庙不毁。父有争子，不行无礼；士有争友，不为不义。故子从父，奚子孝？臣从君，奚臣贞？审其所以从之，之谓孝、之谓贞也。’”（又见《孔子家语·三恕》）与《孝经·谏诤章》：“曾子曰：‘若夫慈爱、恭敬、安亲、扬名，则闻命矣。敢问子从父之令，可谓孝乎？’子曰：‘是何言与？是何言与？昔者天子有争臣七人，虽无道，不失其天下；诸侯有争臣五人，虽无道，不失其国；大夫有争臣三人，虽无道，不失其家；士有争友，则身不离于令名；父有争子，则身不陷于不义。故当不义，则子不可以不争于父，臣不可以不争于君。故当不义则争之，从父之令，又焉得为孝乎？’”有异曲同工之妙。

其八，都要“关心父母疾苦”。《论语·为政篇》：“孟武伯问孝。子曰：‘父母唯其疾之忧。’”与《孝经·纪孝行章》“孝子之事亲也……病则致其忧”同。

以上通过《论语》《荀子》《大戴礼记》《孔子家语》中孔子“孝”论与《孝经》“子曰”比较研究，可知孔子在孝的德教地位、孝与礼治的关系、孝的敬养原理、孝的政治功能、孝与忠顺的关系、行孝的方式和内容、孝与谏诤等方面，都有相同或相通的论述，文句容或有差别，情景也许有异同，但是思想和情感是完全相通甚至相同的，怎么能说《孝经》与孔子没有关系甚至互相矛盾呢？因此，我们认为自汉至唐以为《孝经》为孔子作或孔子向曾子所授，是有依据的，应当信从。孔子可以认定是《孝经》的初创者与始授者，曾子为记录者和首传者。

那么，孔子已经删定“六经”传授“六艺”，为何还要著《孝经》呢？《孝经》与六经的关系如何？

对此，郑玄《六艺论》给出了完整答复："孔子以'六艺'题目不同，指意殊别，恐道离散，后世莫知根源，故作《孝经》以总会之。""六艺"即《六经》，《庄子·天下篇》认为"六经"各有专主："《诗》以道志，《书》以道事，《礼》以道行，《乐》以道和，《易》以道阴阳，《春秋》以道名分。"《诗经》是言志抒情的文学作品；《书经》是二帝三王的历史文献；《礼经》是行为规范的具体规定；《乐经》是与民和乐的音乐著作；《易经》是讲阴阳变化的哲学著作；《春秋》是讲等级名分的政治教科书。《诗经》抒情最基本的是对"哀哀父母，生我劬劳"的感恩；《书经》祖述尧舜，而"尧、舜之道，孝弟而已矣"；《礼经》"重于丧祭"，即是对父母的养老送终和祭奠追思；《乐经》也提倡对父母"养则致其乐"的音乐"养耳"之道。《易经》所述阴阳变化体现在三才之道上，而三才之大经大法则是孝；《春秋》更是对君臣父子等级名分的具体体现。

《左传》说"《诗》《书》，义之府；《礼》《乐》，德之则"，六艺实质无非德义，而孝乃德之本（或孝为仁之本）。近代大儒马一浮说："已知'六艺'为博，《孝经》为约，亦当略判教相，举要而言：'至德'，《诗》《乐》之实；'要道'，《书》《礼》之实；'三才'，《大易》之旨也；'五孝'，《春秋》之义也。"①所以说，《孝经》就是"六经"旨趣、德义基石的简要概括和纲领性提示。

"六艺"好比矿藏，《孝经》则是从中开采出来的宝石；"六艺"好比五谷，《孝经》就是杂采各经酿制的醇酒。

二、《孝经》的结构和内容

中华民族是一个重视"孝道"的民族，这一优良传统曾经伴随我们民族从野蛮走向文明，从低迷走向辉煌。《孝经》则是一部教会我们如何恭行"孝道"的经典，也是一部直到今天依然有助于我们重温"孝道"情感的教科书。那么，《孝经》内容如何？哪些内容在今天依然有积极意义呢？

《孝经》很像一篇极其简要的文章，全书仅 1 800 字左右（今文经 1 799

---

① 马一浮：《孝经大义·原刑》，载《马一浮集》第 1 册，杭州：浙江古籍出版社、浙江教育出版社，1996 年，第 263 页。

字,古文经 1 872 字),却道尽了“孝道”的内容、价值及其在各个领域的运用,乃至孝子对于父母从在世到亡故的一系列孝行。它文字凝练,字字珠玑,结构严密,层次清晰。全书分为若干章节(今文分为 18 章,古文分为 22 章),层层推进,娓娓道来。

今文《孝经》所分 18 章即:《开宗明义章》第一、《天子章》第二、《诸侯章》第三、《卿大夫章》第四、《士章》第五、《庶人章》第六、《三才章》第七、《孝治章》第八、《圣治章》第九、《纪孝行章》第十、《五刑章》第十一、《广要道章》第十二、《广至德章》第十三、《广扬名章》第十四、《谏诤章》第十五、《感应章》第十六、《事君章》第十七、《丧亲章》第十八。此十八章是西汉以来传播的主流版本,属于今文经系统。

除了今文《孝经》之外,汉代还流传下来一种《古文孝经》。据说是鲁共王坏孔子宅壁所得古文经书中的一种(即孔壁本)。《古文孝经》所分 22 章,据后世所引《古文孝经》资料,是从《庶人章》分出《孝平章》;《圣治章》分出《父母生绩章》《孝优劣章》;又多《闺门章》(“闺门之内,具礼矣乎,严父严兄,妻子臣妾,犹百姓徒役也”),其他除个别文字和虚词差异外,与今古文《孝经》内容差别不大(见文末附对照表)。

三、《孝经》的思想和学术

“孝”,即为何行孝、如何行孝,是《孝经》的中心话题。《孝经》认为,孝本源于原始的亲亲之爱,“父子之道,天性也”,“父母生之,续莫大焉”(《圣治章》)。孝本三才,不仅合乎人心、人情,而且合乎天道、地道,《孝经》视“孝道”为天经地义的事情和符合人性的行为:“夫孝,天之经也,地之义也,民之行也”(《三才章》)。人人皆父母所生,个个得尊长所养,知恩图报,寸草春晖,凡有血气,莫不如此。人知道爱类(即爱自己的同类)就是“仁”,知道报恩(报答养育之恩)就是“孝”,这似乎勿须多言。有了“爱类”意识的仁,才有不残不暴、亲爱和谐的“仁政”;有了“报恩”意识的孝,才有爱亲敬长、仁民爱物的“善性”。孔子门人有子说:“孝弟也者,其为仁之本与?”(《论语 · 学而》)《孝经》说:“夫孝,德之本也,教之所由生也。”(《开宗明义章》)孟子也说:“亲亲而仁民,仁民而爱物。”(《孟子 · 尽心上》)故孝被视为百行之先、万善之源。《孝经》称孝为“至德要道”,可以达到“民用和睦,上下无怨”的效果，就是这个道理。《孝经》认为，不爱类而残害同胞、不报恩而遗弃父母的人是“非孝者无亲”，乃“大乱之道”，罪不容诛：“五刑之属三千，而罪莫大于不孝！”（《五刑章》）

在如何行孝上，《孝经》提出两条道路和三个步骤。两条道路即“孝悌”之心和“礼乐”之途。《孝经》开篇讲“先王有至德要道，以训天下，民用和睦，上下无怨”，多么自然而然！什么是“至德”？郑玄注“孝悌也”；什么是“要道”？郑玄注“礼乐也”。《孝经》有“教民亲爱，莫善于孝；教民礼顺，莫善于悌；移风易俗，莫善于乐；安上治民，莫善于礼”，与郑注正相吻合。只有具有孝悌等爱心和善良品质，按照礼乐规范来做，才是正确的方法，也才能达到理想的效果。

“三个步骤”即：“夫孝，始于事亲，中于事君，终于立身。”第一步是家庭内部的事情，第二步是政治社会领域的事情，第三步则是道德圆满、青史留名的事情。怎样“事亲”呢？“君子之事亲也，居则致其敬，养则致其乐，病则致其忧，丧则致其哀，祭则致其严。五者备矣，然后能事亲。事亲者，居上不骄，为下不乱，在丑不争。”（《纪孝行章》）怎样“事君”呢？“君子之事上也，进思尽忠，退思补过，将顺其美，匡救其恶。”（《事君章》）怎样“立身”呢？“行成于内，而名立于后世矣。”（《广扬名章》）也就是说，在家里养亲敬亲取得内部和谐，在社会上取得事业成功，进而在道德理想层面有所建树，实现“立功”“立言”“立德”的大成就，也就是“立身行道，扬名于后世，以显父母”（《开宗明义章》）。

曾子说：“大孝尊亲，其次弗辱，其下能养。”（《礼记·祭义》）“能养”属于“事亲”的范围，“尊亲”则属于“立身”的内容。很显然，《孝经》之“孝”已经不是纯粹的“养亲敬亲”的情感了，而是从“亲亲”的家庭伦理出发，将人与人的关爱之情、责任之心，扩展到整个社会、国家、天下，将其属于父子之亲、母子之情的伦常关系，与上下等级、友朋交谊、君臣之道、夫妇关系等结合起来，从而起到端正人心、纯化情感、改善关系、和谐社会的作用。成功地实现了事亲敬长之情与忠君爱民之意的结合，修身齐家之法与治国平天下之道的结合，对铸造中华民族的善良本性、谦谦君子和忠孝节义的人格，起到了不可低估的作用。

《孝经》将“孝”定义为一切善行美德的根源，已经不仅仅是教“孝”之经，它还是导“善”之典，致“美”之源。《孝经》是“善”和“美”的源头活水，是教导人们如何成为君子贤人的指南北斗。

为了指导国人自觉地奉献孝心，正确地履行孝道，《孝经》还为不同等级的人制订出不同的行孝规则，即所谓“五孝”。对于富有四海的天子，要求其“爱敬尽于事亲”，然后“德教加于百姓，刑（型，示范）于四海”（《天子章》），也就是要对老亲做到爱敬，对人民实行德治，用榜样的作用去感化人。对于诸侯，要求其“在上不骄”“制节谨度”，使“富贵不离其身”，然后能“保其社稷，和其民人”（《诸侯章》）。对于卿大夫，要求其服饰言行一切遵循先王礼法，做到“言满天下无口过，行满天下无怨恶”，然后能“守其宗庙”（《卿大夫章》）。对于士人，要求其将孝心化为忠顺，“以孝事君则忠，以敬事长则顺。忠顺不失，以事其上”，然后能“保其禄位，而守其祭祀”（《士章》）。对于庶人，要求其“用天之道，分地之利，谨身节用，以养父母”（《庶人章》）。

由于阶层不同社会地位不同，行孝的具体要求也就不同，但对父母的养和敬却是相同的，也是一贯的。所以《孝经》说：“故自天子至于庶人，孝无终始，而患不及己者，未之有也。”（《庶人章》）

如果说《孝经》关于“五孝”的区分带有等级制特征，不完全适应现代社会需要的话，那么，《孝经》中关于爱惜身体、养敬结合、不义则诤、上行下效等思想，至今仍有积极的意义。

首先，“身体发肤，受之父母，不敢毁伤，孝之始也”（《开宗明义章》）。保护好自己的身体，使其免受伤害，是行孝第一步。曾子说：“身者，亲之遗体也。行亲之遗体，敢不敬乎！”（《大戴礼记·曾子大孝》）曾子将己之躯体喻为父母馈赠给我们的生命寄托，子女身体是父母乃至先祖生命在另一种形式上的延续，父母既然全而予之，子女理当全而还之。因此，当弟子问乐正子春脚伤已愈、为何仍不敢出门时，乐正子春借用孔子的话回答说，“父母全而生之，子全而归之，可谓孝矣。不亏其体，不辱其身，可谓全矣”（《礼记·祭义》）。这里的“不辱”与曾子所说“弗辱”意思相同，即不使身体受刑、使父母受侮辱。可见，“不敢毁伤”还有另外一层含义，即奉公守法，不犯刑律。当然，为国家和民族利益牺牲者除外，这部分人不但不违背孝道，反而是更高层次的“孝”。相反，如果战场上临阵脱逃，就会让父母蒙羞、让国家蒙难，那样的话，即使苟全性命也不是“孝”。孔子主张用成人礼安葬为国捐躯的“童子”，曾子也说：“战阵无勇，非孝也。”（《礼记·祭义》）由此看来，《孝经》的“不敢毁伤”，主要强调爱惜身体、珍视生命，如果无端毁伤肢体，甚至结束生命，表面看是自己的事情，其实是对父母的不孝。

其次，养敬结合。孝，“善事父母者。从老省、从子。子承考也”（《说文解字·老部》)。孝的初始含义是善事父母,但仅仅做到这些远远不够,更重要的是有一颗爱敬之心。《天子章》曰"爱敬尽于事亲",如果只养不敬,便与饲养犬马无别,孔子就曾感慨:"今之孝者,是谓能养。至于犬马,皆能有养;不敬,何以别乎?"(《论语·为政》)《大戴礼记·曾子事父母》载:曾子弟子单居离问:"事父母有道乎?"曾子曰:"有,爱而敬。"可见,孝不仅涉及养之行,还蕴含敬之心,它是奉养之行与爱敬之心的结合,无论缺少哪一方面都不能称为真正的孝。

再次,《孝经》旗帜鲜明地反对"愚忠愚孝",提倡下级对上级的"谏诤"。当曾子问孔子:"子从父之令,可谓孝乎?"孔子非常严厉地批评说:"是何言与!是何言与!"大力提倡:"故当不义,则子不可以不争于父,臣不可以不争于君。故当不义则争之。"他说:"昔者天子有争臣七人,虽无道,不失其天下。诸侯有争臣五人,虽无道,不失其国。大夫有争臣三人,虽无道,不失其家。士有争友,则身不离于令名。父有争子,则身不陷于不义。"(《谏诤章》)养亲安亲、敬亲顺亲,固然是孝的重要内容,但并非不讲原则,关键是看我们所敬顺的君父长者是否合乎"道义"。如果其言行合乎于义,则敬之顺之;否则,则应诤之谏之。不然,不义而顺、行邪不争,就是陷亲于不义,那恰恰就是不孝。可见,无论对于尽孝者还是尽孝对象,有谏诤之义的孝都比绝对顺从之愚孝更为重要。因此,荀子总结出了"从道不从君,从义不从父"的行孝原则。

这里需要注意的是,对长辈谏诤时要讲究策略,注意方法。即使长辈有错,亦要怡色柔声、微谏不倦,尽可能做到情义兼具。《礼记·内则》曰:"下气怡色,柔声以谏。"《论语·里仁》云:"见志不从,又敬不违,劳而不怨。"相反,认为对方有错,就态度粗暴,大声呵斥,言行悖于礼,也是不孝。因此,孝,不仅需要以"义"辅之,更需要以"智"谏之以情动之。惟此,才能达到良好的谏诤效果。就谏诤方式而言,有《说苑·正谏》所谓正谏、降谏、忠谏、戆谏、讽谏;《白虎通义·谏诤》又增加顺谏、窥谏、指谏、陷谏、尸谏等,具体的劝谏方式应视情况而定。

最后,《孝经》所谓从父、顺长、忠君,都是有条件的。它不是单向的索取与乞求式谏诤,而是上、下之间互动的一种道德要求。其前提就是"上行下效",为人君上和为人父母者,要做好表率:"先王见教之可以化民也,是故先之以博爱,而民莫遗其亲;陈之以德义,而民兴行。先之以敬让,而民不争;导之以礼乐,而民和睦;示之以好恶,而民知禁。"(《三才章》)又说:"明王之以孝治天下也，不敢遗小国之臣”；诸侯“治国者，不敢侮于鳏寡”；大夫“治家者，不敢失于臣妾”。只有在上者做到德义爱敬，而且不恶人、不慢人才能使“天下和平，灾害不生，祸乱不作”（《孝治章》）。根据儒家“所欲责于臣者，君先服之；所欲责于子者，父先能之”的原则，一切善言美行的最好提倡，不在于美丽动听的言语告诫，而在于居上位者的躬行实践。如此，必会近者悦其德泽、远者闻风而至，形成“民用和睦，上下无怨”（《开宗明义章》）的和谐局面。

归纳起来，《孝经》将孝视为最基本的伦理，也是人自然而然的天性（“父子之道天性也”），是合乎三才之道、天经地义的事情（“夫孝，天之经也，地之义也，民之行也”），不孝则是世间最大的罪恶（“五刑之属三千，而罪莫大于不孝”）；孝不是针对某一阶层人士说的，而是对从天子以下到庶民百姓所有人的要求（“自天子至于庶人，孝无终始，而患不及己者，未之有也”）；要做好孝道，除了在物质上奉养老人外，还应该在态度上爱敬老人（“居则致其敬，养则致其乐，病则致其忧，丧则致其哀，祭则致其严”），所有行为不敢有丝毫懈怠疏忽（“爱亲者不敢恶于人，敬亲者不敢慢于人”）。孝的途径一是“孝悌”爱心，二是“礼乐”规范，好心善意加上礼乐文明就是孝道。行孝有三个阶段，初期是爱心满满地养亲（事亲），中期是小心谨慎地从事社会服务、参加政治活动（事君），最后还要注重个人修养，提高个人德行，奉行正确理论（“夫孝，始于事亲，中于事君，终于立身”），取得德行和事业的双重圆满，达到“立身行道，扬名于后世，以显父母”，以及“天下和平，灾害不生，祸乱不作”，甚至“孝悌之至，通于神明，光于四海，无所不通”的效果。

当然，《孝经》作为一部讲述“以孝治天下”的经典，内容十分广泛，还涉及个人修养、家庭治理、社会和谐、政治清明、国际和平等内容。马一浮就说：“故曰：‘孝，德之本也。’举本而言，则摄一切德；‘人之行，莫大于孝’，则摄一切行；‘教之所由生’，则摄一切教；‘其教不肃而成，其政不严而治’，则摄一切政；五等之孝，无患不及，则摄一切人；‘通于神明，光于四海，无所不通’，则摄一切处。大哉，《孝经》之义，三代之英，大道之行，‘六艺’之宗，无有过于此者！”①

《孝经》不仅是“六经”的纲领，也是人间善行的统综，还是天下和平的管钥。有人将这些内容绘制成一张图表，颇有提纲挈领、以简驭繁之效，现

① 马一浮：《孝经大义序说》，载《马一浮集》第1册，第212页。

录存于此,以备参考(见文末附"《孝经》系统表"):

正因为《孝经》的推广和孝道的贯彻有如此效果,在历史上,明智的统治者为了提倡"孝道",除在法律上提倡"五刑之属三千,而罪莫大于不孝"外,还在选举上将《孝经》列为必读必考之书,实行"举孝廉",在赋役上减免孝子徭赋,提倡"以孝治天下""求忠臣于孝子之门"等措施。一些有学识有远见的帝王,甚至为《孝经》注解释义,如魏文侯、晋元帝、晋孝武帝、梁武帝、梁简文帝、魏孝明帝、唐玄宗、清世祖、清圣祖、清世宗等,都是如此。这些举措,曾经结出很好的倡孝劝悌、天下和平的善果。

我们认为,面对"老龄"社会的到来,有必要重温《孝经》、重申"孝道"。作为一部产生于两千多年前的文献,《孝经》在中国历史上曾经起到过积极的作用,对今天个人的修养、家庭的和睦、社会的和谐、国家的稳定依然有着十分重要的借鉴意义。但在经济全球化、文化多元化的今天,如何深入挖掘传统孝文化的合理价值、建设中国特色社会主义孝文化,仍然是一个值得深思的问题。

建设中国特色社会主义孝文化,绝非复古守旧,对"陈旧过时或已成为糟粕性的东西"应予以舍弃,如《丧亲章》讲亲死后"三日而食""服三年之丧"等;但对其中有益的成分应当吸收并进行现代转化,如将孝定义为人子者对父母"报恩"的天经地义的事情,将不孝定为"五刑"之中最大的罪过。在强调"居敬""养乐""病忧""丧哀"等基础上,《孝经》对处于不同社会阶层的人制订出不同的行孝原则,它主张珍视生命、不从非义、犯颜谏诤等,都具有超时代意义,至今仍有借鉴价值。

四、《孝经》的传承与研究

孔子曰:"人能弘道,非道弘人。"《孝经》是旧的文献,孝心才是活的灵魂,是什么力量将这旧文献中的活灵魂尽量地发掘出来,使其焕发出无限生机和无限光芒呢? 我们认为那就是研究和传播《孝经》、阐发和弘扬"孝道"的历代学人。历代帝王不断提倡孝道、宣传《孝经》,不能说他们都是骗人愚民的把戏,也不能说全是徒劳无功的闹剧,其中无疑也有出于家族和睦、社会和谐的用意,也起到过巩固政权、稳定天下的作用,儒家"幼有所长""老有所养"的理想,也一定程度上得到过实现,这是历史,也是事实。

《孝经》在历史上的传播经历了七个时期：

先秦，孝道孕育与《孝经》形成。以孔子为首的中国儒家继承和发扬了中华民族自尧、舜以来形成的“五伦”教育思想，特别是“养老”“敬长”的传统，并将这一传统理论化、系统化、经典化，形成了系统的孝道观；这种孝道观经孔子向曾子传授，曾子记录成书之后，便使得2 500余年来中国人民在感情上、理论上更加自觉地知觉和实行孝道，养成世代相传的崇尚“孝悌”的共同文化心理。到战国初期，魏文侯还撰有《孝经注》；出土文献也发现了《儒家者言》，成为研究《孝经》的首批文献。

两汉，将《孝经》当成经典传授，并初步形成《孝经》学。秦律虽有保护老人的法令，却无赡养老人的规定；特别是始皇帝一味严刑峻法，有老不养、孝悌不讲，甚至焚书坑儒，再次将国人推向愚昧和野蛮的边缘。秦末农民大起义推翻秦朝的暴虐统治，人民得以从暴秦残酷统治之下解脱出来。人们在饱经礼坏乐崩之苦、“五伦”不顺之祸后，渴望结束书缺简脱的状态，体验文明礼顺的生活。西汉统治者在汲取秦朝“其兴也勃，其亡也忽”的教训后，深知“百善孝为先”的道理，为追求长治久安的政治理想，大力提倡孝道。汉惠帝“除挟书之律”，《孝经》由民间献出；高后令举孝廉，扭转了社会风气；鲁共王坏孔子宅，又得《古文孝经》于壁中，都为《孝经》在汉代的提倡准备了条件。汉文帝曾为《孝经》置博士，武帝所设“五经博士”亦兼授《孝经》，汉昭帝令贤良文学通治《孝经》，宣帝则在郡县置学校，在乡聚设庠序，置“《孝经》师”以专司其职，汉成帝令宫人女子也熟读《孝经》《论语》。迄至东汉，《孝经》传授有隆无替，始终是国家首先提倡的内容，《孝经》在汉代得到了广泛的传授，虽虎贲、期门、羽林之士也不例外，孝道思想更加深入人心，忠义精神成了维系东汉后期政治和学术的重要力量，真正成就了“孝治天下”的梦想。这一措施，对自古“贵健壮、贱老弱”的大漠民族匈奴人也产生了积极影响，他们也学习汉家帝王在谥号中添加“孝”的内容。

三国、两晋、南北朝，《孝经》研究从兴旺到分裂。政府除了在政策上提倡孝道外，皇帝和皇太子还身体力行地宣讲和研究《孝经》，南北各朝正史中，关于皇帝、皇太子听讲、讲授、注疏《孝经》的记载，纷见迭出，形成旷古未有的“皇家《孝经》热”。研究《孝经》的活动成了当时国学学术活动的重要内容之一，也成为帝王教孝劝善的重要措施。《孝经》之学更加深入于社会每个角落，甚至羽流、僧侣都研究和注释《孝经》，《孝经》学著作日益激增。当然，由于统治者南北政治形势的分裂，对《孝经》的研究也出现南北异治的现象，北朝行《孝经郑注》，南朝又出现《古文孝经孔传》，形成《郑注》和《孔传》的对立。

隋唐五代，《孝经》研究由六朝纷争走向一统。为达至认识的统一，唐玄宗曾下令群臣讨论《郑注》《孔传》优劣，著令并行。其后又两注《孝经》，并刊石永垂，还“令天下家藏一本”，《孝经》在大唐领域内得到更加充分的普及。元行冲又为《御注》作《疏》，对六朝以来诸家注疏进行了系统评点，弃短扬长，隋以前“古文”“今文”《郑注》《孔传》，以及所谓“百家”“十室”，都含英嚼华，熔为一炉，《孝经》注说初次得到提炼和统一。这一时期《孝经》研究的另一成果是，将孝道原理推广到其他领域，仿效《孝经》著述体式，拟撰了《酒孝经》（刘炫）、《忠经》（托马融）、《女孝经》（郑氏）等作品，使《孝经》济世淑人功能得到更大限度的发挥。大历年间，在灞上出土以蝌蚪文写成分 22 章 1 872 言的“石函素绢《古文孝经》”，实为宋以后讲古文者所依据的主要文本。

宋元，理学盛行，《孝经》解读也有理学化倾向。宋学以“理”（或“心”）至上，以《六经》明我之“理”，视《六经》皆我注脚，凡合“理”（或“心”）者才是真理，也才是必遵必信的经典；稍有不合，则是庸言谰言，虽圣经贤传亦在怀疑删削之列。是故《孝经》学研究进入两宋后，便出现了“疑经”“改经”行为。一方面，宋人怀疑《孝经》为孔子或曾子所作的传统说法，指为“秦汉间陋儒抄袭旧文”而成，必欲删除移易其中“后儒添加”的成分；另一方面，他们又因怀疑今文而推崇古学，对秘府所藏大历初发现的蝌蚪书《古文孝经》是尊是信，重校重注，进而达到其否定汉唐、自创新说之目的。

大致而言，宋代发现《古文孝经》，使其得到重新提倡，形成古文复兴气象。同时，他们又擅疑古书、肆改经典，影响所及，达于元明，流风所扇，及于近世，《孝经》经典地位之受质疑和影响，宋儒实为其祸阶。其始作俑者是朱子《孝经刊误》；继其业者是吴澄《孝经定本》。二书开启《孝经》研究之新时代，亦使《孝经》蒙受伤筋动骨之害。

明代出现“心学”说经，清代出现考据解经。明清时期，一方面继承宋元以来朱子“理学”一统天下之格局，官方仍然推行朱学教化。但是，同时出于对朱学的抗争与反动，又出现“心学化”和“考据化”的新趋势。在《孝经》义理的阐释上，针对朱学以“天理”灭“人欲”，以“天道”扼“人道”，“以理杀人”的陋习，改而注重人类自性的启发，即良知良能的诱导，以为自婴儿下胎的一声啼哭，多么迫切，多么纯真，这是天地之性，这是自然之情，重新找回了被理学埋没的“父子之情”的本能情怀,激发了孝心孝行的天然属性。

在《孝经》的文献校勘上,出于对朱、吴《刊误》《定本》作法的厌恶,明清学人比较重视《孝经》文本原始面貌的恢复,特别是重视对《孝经》学文献的辨识;又由于反对宋学的“以理秽经”,清代学人更是超越宋元,直接汉儒,对已经失传的汉儒《孝经》文献进行了细致的辑佚和恢复工作,从而取得了前所未有的新成果,形成《孝经》学史的新气象。

在清代,《孝经》学研究出现了三大趋势,一是考据趋势,二是史学趋势,三是辨伪趋势。所谓考据趋势,是指对《孝经》的研究不重其思想性和应用性的阐发,而重在对文献的辑佚和考释。所谓史学趋势,是指清人研究《孝经》不再是觉察式或道学家式的宣扬孝道,而是将《孝经》研究学术史化,他们在对《孝经》作经解式研究的同时,还对《孝经》学史进行了初步梳理。所谓辨伪趋势,是指针对乾隆、嘉庆时期从日本传来《古文孝经孔传》、今文《孝经郑注》进行辨伪活动。这场活动表面上看来只是针对一两本书的真伪问题,实际上却反映出经学研究方法论和治学态度问题。尽管这一争论现在看来,仍然有些矫枉过正,但是随着敦煌遗书《孝经》经本和注文的发现,许多争论问题逐渐得到解决。

20 世纪,孝道受到批判,《孝经》研究转入沉寂。历史进入 20 世纪,中华传统文化普遍受到冲击,《孝经》以及中华孝道也受到不合理批判,传统孝道被视为腐朽落后的东西,《孝经》也被污蔑为“不值一读”的肤浅之物。直到 80 年代以后,思想界拨乱反正,学术界百花齐放,这部中华古老的经典才逐渐引起重视,客观公允的研究文章也才陆续产生。

20 世纪的《孝经》研究共有三大主题:即“孝道”重估、《孝经》真伪、《孝经》训解。“孝道”重估和《孝经》真伪类著述,伴随“疑古思潮”和“新文化运动”展开,大量见诸大陆三四十年代和六七十年代各种报纸和杂志,如王正已《孝经今考》即刊载于 1933 年北平朴社出版的顾颉刚《古史辨》第四册上,余不赘述。用现代方式训解《孝经》的著述,多见于 20 世纪后半期,如,陈威智《孝经白话注解》(台北,1983)、马振亚《孝经释读》(《中华儒学通典》第一部,南海出版公司,1992)、汤祺廷《孝经直解》(《十三经直解》第 4 卷,江西人民出版社,1993)、胡平生《孝经译注》(中华书局,1996)、宫晓云《孝经——人伦的至理》(上海古籍出版社,1997)、林宇牧《孝经新解》(台北“国家”出版社,1997)、汪受宽《孝经译注》(上海古籍出版社,1998)、《孝经》(收入“中华传统文化百部经典”,国家图书馆出版社,2022),等等。

另外,随着出土文献的大量涌现,20世纪对出土《孝经》文献的研究和整理也成绩显著。如龚道耕《孝经郑注》(手稿)、马衡《宋范祖禹书古文孝经石刻校释》(《历史语言研究所集刊》20本上,1948年6月)、王利器《敦煌本孝经义疏》(《志林》2期,1948年12月)、《敦煌本孝经义疏跋》(《图书季刊》新9卷3、4期合刊,1948年12月)。陈铁凡对《孝经》郑氏注和敦煌本《孝经》残卷的考订用力甚勤,著有《敦煌本孝经类纂》(台北燕京文化事业公司,1977),汇编英、法及国内所藏29种写本,收录最为完备。特别是他据敦煌本"郑注"《孝经》残卷,对《孝经郑注》的校理和恢复,成就突出,所撰《孝经郑注校证》(台北"国立"编译馆,1987)一书,以严可均辑本为底本,与敦煌本"郑注"4卷、"郑注疏"3卷,进行综合校勘,取得了自清初以来"郑注"《孝经》辑佚校勘的最佳成果。

五、《孝经》的重要注本

从前,马一浮主讲"复性书院",为诸生开列《通治群经必读诸书举要》,其《孝经》类开列唐玄宗注、宋邢昺疏《孝经注疏》,元吴澄《孝经定本》,明黄道周《孝经集传》三种,并有按语:"自魏文侯已为《孝经传》,汉于《孝经》立博士。匡衡上成帝疏云:'《论语》《孝经》,圣人言行之要,宜究其意。'然汉师如长孙、江翁、后苍、翼奉诸家,书皆不传。今古文文字多寡,章句亦异,是以朱子疑之。玄宗《注》依文解义而已。吴草庐(澄)合今古文刊定,为之章句,义校长,然合二本为一,非古也。唯黄石斋(道周)作《集传》,取二《戴记》以发挥义趣,立'五微义''十二显义'之说,为能得其旨。今独取三家,以黄氏为主。"

意思是说,关于《孝经》的注本,战国初期魏文侯就有《孝经传》了,汉代也有长孙氏、江翁、后苍、冀奉等人的《孝经传》,但是都没有流传下来。唐玄宗的《孝经注》只是依文敷义,没有特别发明。元代吴澄依据朱子《孝经刊误》删改并注解的《孝经定本》,说理可取,但是将今古文掺合在一起了。明末黄道周撰《孝经集传》,既归纳了《孝经》中的思想和制度,具有提纲挈领、发覆阐幽之功;又将大小戴《礼记》中的相关材料辑录出来,附解于《孝经》相关章节,加以申说,也有异曲同工、相得益彰之妙。

马先生这番叙述和列举,简明扼要,颇便初学。不过,江山代有才人出,各领风骚数百年。经学正是在一代一代学人的不断花样翻新中得到发展和进步的，为历观不同时代的《孝经》学成果，我们将扩大一些书目，以便大家看出《孝经》学之源流正变。

1.《孝经郑注》，(汉) 郑玄撰，(民国) 龚道耕辑校

现在最完整的《孝经》汉儒注是“郑注”。不过“郑注”是否郑玄所作，在历史上颇有争议。第一次争论在南朝，刘宋时陆澄对国学所尊《郑注》表示怀疑，以为“非康成作”，建议废除。王俭表示《郑注》“前代无疑”，陆澄所疑证据不足，仍将《郑注》立在国学。梁代“安国及郑氏二家并立国学”，梁末《孔传》佚亡，“陈及周、齐唯传郑氏”。第二次争议在唐玄宗时。玄宗令议孔安国《古文孝经传》与郑玄《孝经注》优劣，刘知幾举十二条证据驳斥《郑注》，说它“语言凡鄙”，“不可示彼后来”，主张“行孔废郑”；司马贞则肯定《郑注》“义旨敷畅”，应与《孔传》并行。唐玄宗于是下令二注并行。继而玄宗自注《孝经》成，下令天下学宫依此教士，仍令“家藏一本”，于是《御注》行而《郑注》隐。《郑注》经五代亡佚，在北宋又重新出现，但当时《御注》盛行，《郑注》并未引起学人足够重视，朝廷只“议藏秘阁”，后渐失传。清初学人已经关注《郑注》，朱彝尊、余萧客皆有辑录，随着乾嘉汉学的逐渐兴起，《郑注》辑佚者越来越多，不下三十家。乾隆五十九年(1794)，日本冈田挺之据《群书治要》辑出《孝经郑注》，既而传入中国，在学界产生了重要影响。洪颐煊、严可均等相信《治要》本是《郑注》的简编，于是据之辑佚校补《郑注》，其中以严可均方法最密，在清儒中成就最高。后来皮锡瑞《孝经郑注疏》、龚道耕辑校《孝经郑氏注》都以“严辑本”为底本，对《郑注》佚文进行了恢复、疏证和补充工作。及至敦煌遗书发现，其中十余卷带有郑氏“序”的《孝经》卷子，而“《孝经郑氏解》竟有五卷之多”，“注文所得约为全书百分之九十以上”，保存了一些《治要》《释文》《注疏》中没有的《郑注》资料。日本林秀一、中国台湾陈铁凡都据以辑校恢复《郑注》，使从前严可均慨叹“尚阙数十百字无从校补”的遗憾，得到彻底弥补，《孝经郑注》又以完书面目展现在世人面前。由于龚道耕校正本是在敦煌遗书未公布之前采用资料最广，整理最好的一种，而且传本甚少，故今次以龚本为底本，以见博观约取之典范。

郑注的主要版本有：清严可均辑、皮锡瑞疏《孝经郑注疏》，中华书局2016年出版，吴仰湘点校本；龚道耕辑校《孝经郑注》，收入《龚道耕儒学论集》，四川大学出版社2010年出版，李冬梅校点本；陈铁凡辑校《孝经郑注校

证》,台北"国立"编译馆 1987 年出版。

2.《古文孝经孔传》6 卷,(旧题汉) 孔安国撰

《孝经》有今古文问题,汉世已然。《孝经》今文本为颜芝之子颜贞所献,分十八章,1 799 字;《古文孝经》则得之鲁共王所坏孔子住宅壁中,共二十二章,1 872 字。刘向曾用古文校今文,发现古今异字 404 字,分章起讫各有不同,古文又多《闺门章》二十二字,其他率皆文字不同写法和"也""者"等虚字的有无,无关大雅。从西晋王肃声称孔安国曾作《古文孝经孔传》,在今文《孝经》诸家注解外,另生新说,于是争论遂起。南朝梁、陈时期,孔传与郑注并行于国学,之后亡佚于陈末之乱。隋刘炫声称得《古文孝经孔传》,并为之《述义》,但"学者喧喧"不予承认,以为"炫自为之"。唐玄宗时,曾令讨论孔传、郑注优劣,于是再起争端。及玄宗自注《孝经》,郑注、孔传在中国并皆失传。可是,日本却有多种《古文孝经》抄写本,托名孔安国传。

清乾隆四十一年(1776)从日本传来太宰纯所刻《古文孝经孔传》一种,鲍廷博刻入《知不足斋丛书》,《四库全书》亦予采录。十余年后,日本又传来冈田挺之《孝经郑注》,鲍氏又刻入《知不足斋丛书》。从唐代中叶以后就失传的《郑注》《孔传》,千余年后又重现东瀛,这在学术界产生了不小震动,其真伪问题也引起学界争论。考其来源,"郑注"系取自《群书治要》所选《孝经》所附之注,后又在敦煌遗书中得到证实;"孔传"则没有这般幸运,既无宋前传承体系可考,也无遗书旧本可证,故其真伪至今仍在争议之中。

日本传《古文孝经孔传》目前国内所传主要有三种版本,一是《知不足斋丛书》本,二是《四库全书》本,三是日本天瀑所刻《佚存丛书》本。"佚存本"经文仍然保留隶古定的字形,其余二本皆改从楷体。此书 22 章,每章皆有章题;经文共 1 861 字,另有章题 70 余字。通篇采用讲说的方式,语意重复,不似汉人说经风格;且多错误,决非博学若安国者所为。以其中保存有个别隋唐"孔传"资料,故仍列入参考,以广异闻。

3.《古文孝经指解》1 卷,(宋) 司马光撰

由于孔安国传《古文孝经》今已不存,清乾隆年间由日本传来《古文孝经孔传》显非旧时真传,现存《古文孝经》传本仍以司马光这部《古文孝经指解》为最早。中唐以后所传古文字形的《古文孝经》,据考系大历初李士训在灞上锄瓜时发现的蝌蚪书"石函古文"。该本后传李白,李白传李阳冰,阳冰传皇太子及其子服之。服之传韩愈并弟子张籍及归登,后入于宫中,传到

北宋。司马光从秘府发现蝌蚪书《古文孝经》，据以作《指解》，疑即“大历本”。今传《指解》本皆与唐玄宗《御注》、范祖禹《说》合编，又非司马光书的原貌。《指解》本与“大足石刻”范祖禹书《古文孝经》同出一源，经本面貌应该相同，而今传《指解》本经文却与石刻本并不一致，反而与文献所记“孔壁本”同，显系后人在与玄宗《注》、范祖禹《说》合编时所改。特别是今传《指解》有误注入经现象（《谏诤章》“是何言与、是何言与”下有“言之不通也”五字，据王应麟说本系司马光注语），系出后人所为。所以今传《指解》经文已非历史原貌，又不是真正的司马光所据的“宋本”矣。

本书有《通志堂经解》本、《四库全书》本、四川大学《儒藏》本。

4.《古文孝经说》1卷，（宋）范祖禹撰

唐末五代，蜀中盛传《古文孝经》，李服之、李建中、荀中正皆其人也。范祖禹，成都华阳人，亦承此序。祖禹治《古文孝经》有两大成果，一是撰《古文孝经说》，二是手书《古文孝经》（南宋刻于大足北山石刻之中）。范氏《说》原本一卷，独自为书，今传本乃与《御注》《指解》合为一本，乃后人所为。范书体例与《指解》相近，都重在说理，讲明孝道，树立宋儒说经之风。其不同处在于，《指解》系逐句申说，范《说》则通章串讲，使一章大义贯通无碍，便于初学者融会贯通。此书与玄宗注、司马《指解》合编，有《通志堂经解》本、《四库全书》本。

另外，重庆大足北山石刻之中，至今仍然保存着一通题名“范祖禹书”的《古文孝经》碑刻。这份《孝经》石刻是保存于今最早的《古文孝经》，不仅是研究范祖禹《古文孝经》之学的重要资料，也是研究《古文孝经》流传史的重要文本。1945年，著名金石文献学家马衡随大足石刻考察团亲临其境，对该碑文字内容和上刻时代做了细心考察，撰有《校释》一文，惊叹为“寰宇之间仅此一刻”。他根据石刻避讳情况，断定上石于南宋孝宗时期，距今已有800余年。石刻本《古文孝经》分22章。在分章起讫上，既与“孔壁本”不同，也与“合编本”“日传本”不同，而与南宋黄震《黄氏日抄》所述一致。石刻《古文孝经》是至今尚存的真正“宋本”，与传世各本相比，它未经改窜，亦无讹衍（但有脱蚀），保留了宋时原貌，洵可贵也！

该本载民国重修《大足县志》卷首，大足县民国三十五年（1946）铅印；马衡《宋范祖禹书古文孝经石刻校释》，《历史语言研究所集刊》20辑上册，1948年；又《凡将斋金石丛稿》卷六，中华书局1977年出版；《大足石刻铭文录》，重庆出版社1999年出版；《儒藏》本。

5.《孝经注疏》10 卷,(宋) 邢昺撰

北宋初年,《孝经》文献只存郑注(残本)、玄宗注及元行冲疏、蝌蚪文《古文孝经》本。不久,《郑注》亦亡,于是整个宋代的《孝经》研究,实际上主要是围绕玄宗《孝经注》和《古文孝经》展开。

邢昺《孝经注疏》撰成于真宗咸平(998—1003)年间。《崇文总目》说,因诸家注疏"皆猥俗褊陋,不足行远。咸平中,诏(邢)昺及杜镐等,集诸儒之说而增损焉"。以元行冲的《御注孝经疏》为基础,加以翦裁。增加了《元疏》以外的诸儒之说,以为补充,将原来经、注、疏分别的格式,改从以疏附注,以注附经。《邢疏》最大的价值在于基本保留了《元疏》内容,使前代文献得所依托。陈铁凡说:"玄宗《御注》行,而隋唐以前诸家《孝经》俱亡;邢昺《正义》行,而元行冲《疏》又佚。然而前代诸儒之说,又转藉《御注》捃摭以残存;诸说之主名及其内涵,亦因邢氏疏述而详明。清儒采辑汉魏佚文固多取资,《邢疏》之能影响后世深且久者,殆亦有由矣。"但是,其新增加的内容却有许多错误,使用时尤须谨慎。

此书版本极多,以《十三经注疏》本最流行。

6.《孝经刊误》1 卷,(宋) 朱熹撰

此书是学人首次对《孝经》进行系统怀疑和肆无忌惮篡改的开端。朱熹怀疑《孝经》文字的经典性和可靠性,认为其中有后人掺入内容。说:"熹旧见衡山胡侍郎《论语说》,疑《孝经》引《诗》非经本文,初甚骇焉,徐而察之,始悟胡公之言为信,而《孝经》之可疑者不但此也。因以书质之沙随程可久丈,程答书曰:'顷见玉山汪端明,亦以为此书多出后人傅会。'于是乃知前辈读书精审,其论固已及。又窃自幸有所因述,而得免于凿空妄言之罪也。"朱熹声称,他怀疑《孝经》是由于受衡山胡侍郎(寅)影响,后来他又发现玉山汪端明(应辰)也与自己一样怀疑《孝经》。由于他对《孝经》的可信性产生怀疑,于是他在研究《孝经》时不是以阐发其中的孝悌思想为目的,而是要大刀阔斧地砍削《孝经》、改编《孝经》。他既无版本依据,又无过硬理由,就判定《孝经》不是圣人之作,而要大加删削,于是"取《古文孝经》分为经一章、传十四章,删旧文二百二十三字"(《四库全书总目》)。朱熹作《孝经刊误》一书,开启了历史上肆意改编和删削《孝经》的先例。《四库全书总目》说:"汉儒说经以师传,师所不言,则一字不敢更。宋儒说经以理断,理有可据,则六经亦可改。"朱熹正是"宋儒"中疑经的典型。由于朱熹的大名,"南宋以后作注者,多用此本"(馆臣语),如宋之黄榦《孝经本旨》、史绳祖《孝经

解》、冯椅《古孝经辑注》及《古文孝经解》;元之董鼎《孝经大义》、吴澄《孝经定本》;明则有项霦《孝经述注》、孙蕡《孝经集善》、孙本《古文孝经解意》、潘府《孝经正误》;清有周春《中文孝经》、张星徽《孝经集解》、任启运《孝经章句》、林愈蕃《孝经刊误要义》等,可谓趋之若鹜。

本书有《四库全书》本、《西京清麓丛书》本、《朱子全书》本等。

7.《孝经定本》,(元) 吴澄撰

本书是具体执行朱子怀疑《孝经》意见的本子。《孝经定本》即《孝经章句》,是吴澄《孝经》学代表作。他的体例,明代朱鸿有介绍:"吴子《章句》,经一章、传十二章,其内合《五刑》一章,去《闺门》一章,删去古文二百四十六字。"《四库全书总目》也说:"此书以今文《孝经》为本,仍从朱子《刊误》之例,分列经、传。其经则合今文六章为一章,其传则依今文为十二章,而改易其次序。朱子所删……与古文《闺门章》二十四字,并附录于后。"这只是《孝经定本》关于经本校勘方面的工作;在经文训释方面,《定本》也还有可取之处。杨士奇曰:"此书因朱子《刊误》,而以古、今文校定之。训释明切,贤于旧注远甚。"这才是关于《孝经定本》的完整评价。

本书有《四库全书》本、《儒藏》本。

8.《孝经集传》,(明) 黄道周撰

黄氏撰此书,其用意、释义、思想、学术俱佳,可是当他在处理《孝经》文本时,同样不能摆脱删经析典末俗。除了仍然沿袭朱子"分别经传"之说外,还欲以"五微义"重编《孝经》,"别其章分";"然后以《礼记》诸篇,条贯丽之";还因《庶人章》无诗,遂一改《孝经》段末引《诗》《书》为证的习惯分章,而"以引《诗》数处各为下章,如《中庸》'尚絅章'",真前所未有、闻所未闻!其狱中抄本,又将《诗经 · 豳风 · 七月》"我稼既同"以下 25 字引来充数(《续修四库全书总目提要》贺长龄《孝经述》提要)。后来实再太不自安,才又改回原本顺序(《四库全书总目》卷三二)。所有这些都是受朱熹《刊误》之影响。

本书有《四库全书》本、《儒藏》本。

9.《孝经大全》28 卷、首 1 卷、《或问》3 卷,(明) 吕维祺撰辑

吕维祺生当明朝末年,力倡孝道,潜心《孝经》研究 30 年,然后发为著述,颇多心得。其书于《孝经》学之文献,清理甄录,类聚甚备。康熙中其子兆琳刊刻时,王昊为之序,谓其"力寻孔曾坠绪,潜心是书三十年,而始阐释之,本义既成,大全随辑,取材也博,持论也精,订定训解,纲明目张"。洵为

的论。明代诸经皆撰《大全》，唯《孝经》没有，该书实可配明代《四书》《五经大全》而行于世。

是书有崇祯十一年（1638）刊本、《续修四库全书》影印本、《儒藏》本。

10.《孝经大全》，（明）江元祚辑

其书虽与吕维祺所著同名《大全》，却不是“类书”体例，而是《孝经》学丛书，以保存《孝经》文献为主。江元祚辑《孝经大全》，“集众本同异，诸家批注。其采撷弘多，固不遗余力”。其书共分10集，依次著录汉唐以来历代《孝经》文献总共60种，自汉至明，各代《孝经》学重要著作尽在其中，除《元疏》不存、《邢疏》无录外，其他各书各文皆原件备录，资料至为繁夥，是一部名副其实的《孝经》“资料大全”。

本书有崇祯六年（1633）刊本、《儒藏》本。

11.《孝经义疏补》9卷，（清）阮福撰

《孝经义疏补》是对唐宋时期形成的《孝经注疏》进行的补充和校正。其书正文9卷，首1卷，共为10卷。全录《御注》《邢疏》，其有补充和校勘，皆以“补”字出之。阮福欲据《御注》以复《郑注》，据《邢疏》以复《元疏》，确为一种大胆尝试。特别是他在《邢疏》之外，补充了许多旧注材料和新证成果，使《邢疏》文字得到校正，内容得到补充，讹误得到纠正，体例得到调整，渊源也得到厘清，从完善《邢疏》角度来说，阮氏父子实为《邢疏》之功臣，该书不失为一部有价值的《孝经》学著作。

本书有《文选楼丛书》本、《儒藏》本。

12.《孝经述注》1卷、《孝经征文》1卷，（清）丁晏撰

丁晏《孝经》二书，《述注》在于通经，《征文》在于证经，盖通经以达其意，证经以明其古。丁氏以为，唐玄宗《石台孝经注》，“取郑君、王肃、韦昭、虞翻、刘劭、刘瓛、魏真克诸家，摘要翦芜，约文敷畅”，在经解中确为上乘之作。其后注解虽有数十家，而以司马光《指解》和范祖禹之《说》“明白正大，粹然儒者之言”。丁晏相信《孝经》今文而怀疑古文，故以今文《孝经》为据，对《御注》《指解》和《范说》进行剪裁，取其所可而弃其所芜，因其书只有删繁就简、汰冗去复的功夫，比之“述而不作”（丁氏《自序》），故名书曰《孝经述注》。

其《征文》正文部分，一是采集先秦、两汉至于六朝文献，诸如《吕氏春秋》、陆贾《新语》、董仲舒《繁露》、司马迁《史记》、刘向《说苑》、桓宽《盐铁论》、班固《汉书》、王符《潜夫论》、许慎《说文》、王充《论衡》、蔡邕《明堂

论》、贾思勰《齐民要术》、应劭《风俗通》《汉官仪》、徐榦《中论》、范晔《后汉书》、司马彪《续汉书》等，凡有称引《孝经》原文者，皆一一取出，用以证明《孝经》文字来源甚古，渊源有自。二是博引自魏文侯《传》以下至于六朝诸家《孝经》古注，一一取以为《孝经》之解。于是《孝经》之古言、古义，粲然明备矣；《孝经》之来历出处，厘然清晰。朱熹等人攻经驳传之说，其谬大白。卷末又撰文辨日本传《古文孝经孔传》之伪，也证据确凿，不容置辩。然而因《孔传》为伪而推及于《群书治要》《文馆词林》及皇侃《论语义疏》、山井鼎《七经孟子考文》等，以为举凡一切出于日本之书，都无一可信，则又矫枉过正，株连过广矣。

本书有《颐志斋丛书》本、《木犀轩丛书》续刻本、《儒藏》本。

13.《孝经问》1 卷，（清）毛奇龄撰

朱子怀疑《孝经》，毛氏则肯定《孝经》，是书即其观点集成。《孝经问》以回答门人张燧提问的形式，对《孝经》学史上的重大问题进行逐条解答，共 10 条：一曰《孝经》非伪书，二曰今文、古文无二本，三曰刘炫无伪造《孝经》事，四曰《孝经》分章所始，五曰朱氏分别经传无据，六曰经不宜删，七曰《孝经》言孝不是效，八曰朱氏、吴氏删经无优劣，九曰“闲居”“侍坐”说，十曰朱氏极论改文之弊。毛奇龄明确反对在儒家经典内部分经分传，他批评宋人删经说：“宋人学问，专以非圣毁经为能事，即夫子手著《春秋》《易大传》，亦尚有訾謷之不已者，何况《孝经》。故凡斥《尚书》、摈《国风》、改《大学》、删《孝经》，全无顾忌，此固不足据也。”

本书有《西河合集》本、《儒藏》本。

14.《孝经文献丛刊》，曾振宇、江曦主编

《孝经文献丛刊》是目前出版的系统点校整理历代《孝经》注解的重要成果。第一辑共五卷，即“孝经古注说”“《孝经》宋元明人注说”“孝经清人注说”三类共五卷。第一卷《孝经古注说》，收录战国至唐代《孝经》注说二十一家 26 种，其范围是唐代及唐代以前的重要的注释和义疏。唐以前及唐代《孝经》注仅唐玄宗《孝经注》完整保存，所收各书皆清人王谟、马国翰、王仁俊诸学者辑佚之作。第二卷《古文孝经指解（外 23 种）》，收录宋元明人《孝经》注说 24 种，约占宋元《孝经》著作四分之一。第三卷《孝经通释（外 3 种）》，收录清世祖《御注孝经》、清世宗《御制孝经集注》、曹庭栋《孝经通释》、桂文灿《孝经集证》4 种清人《孝经》注说。其中曹庭栋《孝经通释》打破今古文界限，兼采古文、今文的注说，按照时代顺序，从唐朝开始，列出诸

家的注释,最后有著者的论说。桂文灿《孝经集证》,在《孝经》原来的文句下面,纂录经史子集中的典籍文句,疏证《孝经》文义,扩大了读者的阅读视野。第四卷《孝经集解(外2种)》,收录李之素《孝经内外传》《孝经正文》、冉觐祖《孝经详说》、赵起蛟《孝经集解》3种清人《孝经》注说。其中赵起蛟《孝经集解》汇集唐宋元明诸家之解,附以"愚按""愚意"考辨先儒之说。第五卷收录清人阮福《孝经义疏补》一种。

此外,《孝经文献丛刊(第二辑)》的点校整理工作正在有序进行。第一卷拟收录毛奇龄《孝经问》、应湜《读孝经》、吴之騄《孝经类解》3种。第二卷拟收录任启运《孝经章句》、李光地《孝经全注》、丁晏《孝经述注》《孝经征文》、贺长龄《孝经述》、洪良品《古文孝经荟解》《古文孝经别录》五家7种。第三卷拟收录张叙《孝经精义》、潘任《孝经讲义》《读孝经日记》、邬庆时《孝经通论》三家4种。第四册拟收录《孝经》日本注释5种,第五册为《孝经文献总目》,出版在即,值得期待。

《孝经文献丛刊》的出版发行,在传统文化的现代性转化方面,具有重要的理论意义和现实价值。《孝经文献丛刊(第一辑)》五卷已于2021年2月由上海古籍出版社出版。

总之,《孝经》学习应立足本经,参考他书,回顾历史,面向未来,做到古为今用、以古鉴今,坚持有扬弃地继承,最终实现《孝经》孝道思想的创造性转化和创新性发展。今天,认真吸取《孝经》的合理内核,继承和弘扬中华"孝道"传统,提倡"孝悌忠信""孝老爱亲"美德,唤醒当代青年"知恩图报"的责任感,形成"赡亲敬老"的一代新风,恐怕也是"老龄化"社会必要的功课吧!

本书旨在为读者提供《孝经》今古文以及汉、唐、宋儒优秀注释成果,由舒大刚、李冬梅、李红梅合作完成。

其中,舒大刚负责体例设计、《孝经导读》和汉、唐、宋四家注的辑录,李冬梅负责龚道耕《郑注》辑校的整理,李红梅负责各种版本的校勘工作。

由于我们学识有限,其中必有错误和不妥之处,尚望识者批评指正。

附：

今古《孝经》分章起讫对照表

<table>
<tr><th colspan="4">今文《孝经》</th><th colspan="5">日传本《古文孝经》</th></tr>
<tr><th>章序</th><th>章 题</th><th>起 句</th><th>讫 句</th><th>章序</th><th>章 题</th><th>起 句</th><th>讫 句</th><th>备注（大足石刻范祖禹书《古文孝经》）</th></tr>
<tr><td>1</td><td>开宗明义章第一</td><td>仲尼居</td><td>聿修其德</td><td>1</td><td>开宗明义章第一</td><td>仲尼闲居</td><td>曰修厥德</td><td></td></tr>
<tr><td>2</td><td>天子章第二</td><td>子曰爱亲者不敢恶于人</td><td>兆民赖之</td><td>2</td><td>天子章第二</td><td>同</td><td>同</td><td></td></tr>
<tr><td>3</td><td>诸侯章第三</td><td>在上不骄</td><td>如履薄冰</td><td>3</td><td>诸侯章第三</td><td>子曰居上不骄</td><td>同</td><td></td></tr>
<tr><td>4</td><td>卿大夫章第四</td><td>非先王之法服不敢服</td><td>以事一人</td><td>4</td><td>卿大夫章第四</td><td>句首有“子曰”二字</td><td>同</td><td></td></tr>
<tr><td>5</td><td>士[人]章第五</td><td>资于事父以事母而爱同</td><td>无忝尔所生</td><td>5</td><td>士章第五</td><td>句首有“子曰”</td><td>亡忝尔所生</td><td></td></tr>
<tr><td rowspan="2">6</td><td rowspan="2">庶人章第六</td><td rowspan="2">用天之道</td><td rowspan="2">未之有也</td><td>6</td><td>庶人章第六</td><td>子曰因天之时</td><td>此庶人之孝也</td><td>石刻古文第六章（即今文《庶人章》）从“子曰因天之道”以下，直接“故自天子”至章末，并将下章首句“曾子曰甚哉孝之大也”九字移入上章，合为第六章；</td></tr>
<tr><td>7</td><td>孝平章第七</td><td>子曰故自天子以下</td><td>未之有也</td><td></td></tr>
<tr><td>7</td><td>三才章第七</td><td>曾子曰甚哉</td><td>民具尔瞻</td><td>8</td><td>三才章第八</td><td>同</td><td>同</td><td>第八章（今文《三才章》）“子曰夫孝天之经”，至“不严而治”为一章；自“子曰先王见教”以下，至章末“民具尔瞻”别为一章，不仅与今文异，而且与汉魏六朝所传诸古文都不相同。</td></tr>
</table>

续 表

今文《孝经》				日传本《古文孝经》				
章序	章题	起句	迄句	章序	章题	起句	迄句	备注(大足石刻范祖禹书《古文孝经》)
8	孝治章第八	子曰昔者明王之以孝治天下也	四国顺之	9	孝治章第九	同	同	
9	圣治章第九	曾子曰敢问圣人之德	其仪不忒	10	圣治章第十	同	其所因者本也	
				11	父母生绩章第十一	子曰父子之道	厚莫重焉	
				12	孝优劣章第十二	子曰不爱其亲	其仪不忒	
10	纪孝行章第十	子曰孝子之事亲也	犹为不孝也	13	纪孝行章第十三	同	同(犹作繇)	
11	五刑章第十一	子曰五刑之属三千	此大乱之道也	14	五刑章第十四	同	同	
12	广要道章第十二	子曰教民亲爱	此之谓要道也	15	广要道章第十五	同	同	
13	广至德章第十三	子曰君子之教以孝也	其孰能顺民如此其大者乎	16	广至德章第十六	同	同(唯顺作训)	
14	广扬名章第十四	子曰君子之事亲孝	而名立于后世矣	18	广扬名章第十八	同	同	
15	谏诤章第十五	曾子曰若夫慈爱	又焉得为孝乎	20	谏争章第二十	同	又安得为孝乎	王应麟《困学纪闻》卷七:“是何言与”,司马温公《解》云:“言之不通也。”范太史《说》误以“言之不通也”五字为经文,古今文皆无。《朱文公集》所载《刊误》亦无之。近世所传《刊误》以五字入经文,非也。

续 表

今文《孝经》				日传本《古文孝经》				
章序	章 题	起 句	讫 句	章序	章 题	起 句	讫 句	备注(大足石刻范祖禹书《古文孝经》)
16	应感章第十六	子曰昔者明王事父孝	无思不服	17	应感章第十七	同	同	
17	事君章第十七	子曰君子之事上也	何日忘之	21	事君章第二十一	同	同	
18	丧亲章第十八	子曰孝子之丧亲也	孝子之事亲终矣	22	丧亲章第二十二	同	孝子之事终矣(无亲字)	
				19	闺门章第十九	子曰闺门之内	繇百姓徒役也	凡22字,大足石刻古文有,今文所无
按,(宋)黄震《黄氏日钞》卷一《读孝经》:“案,《孝经》一尔,古文、今文特所传微有不同,(略)至于分章之多寡,今文《三才章》‘其政不严而治’,与‘先王见教之可以化民’通为一章;古文则分为二章。今文《圣治章第九》‘其所因者本也’,与‘父子之道天性’通为一章;古文亦分为二章。‘不爱其亲而爱他人者’,古文又分为一章。”所述分章则与石刻本完全一致,而与汉魏六朝所传异。								

《孝经》系统表

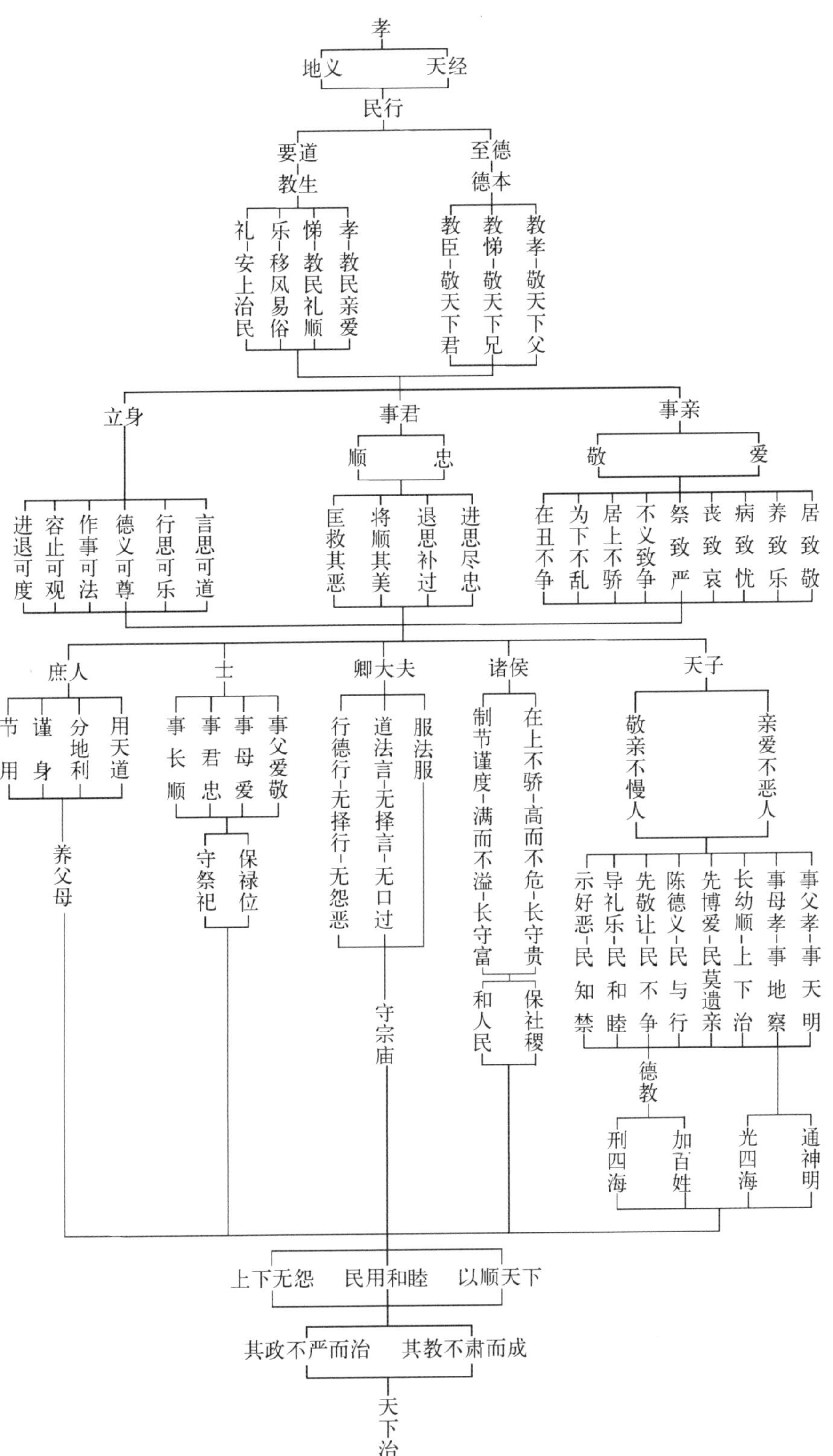

孝
地义
天经
民行
要道
教生
至德
德本
礼-安上治民
乐-移风易俗
悌-教民礼顺
孝-教民亲爱
教臣-敬天下君
教悌-敬天下兄
教孝-敬天下父
立身
事君
事亲
顺
忠
敬
爱
进退可度
容止可观
作事可法
德义可尊
行思可乐
言思可道
匡救其恶
将顺其美
退思补过
进思尽忠
在丑不争
为下不乱
居上不骄
不义致争
祭致严
丧致哀
病致忧
养致乐
居致敬
庶人
士
卿大夫
诸侯
天子
节用
谨身
分地利
用天道
养父母
事长顺
事君忠
事母爱
事父爱敬
守祭祀
保禄位
行德行-无择行-无怨恶
道法言-无择言-无口过
服法服
守宗庙
制节谨度-满而不溢-长守富
在上不骄-高而不危-长守贵
和人民
保社稷
敬亲不慢人
亲爱不恶人
示好恶-民知禁
导礼乐-民和睦
先敬让-民不争
陈德义-民与行
先博爱-民莫遗亲
长幼顺-上下治
事母孝-事地察
事父孝-事天明
德教
刑四海
加百姓
光四海
通神明
上下无怨
民用和睦
以顺天下
其政不严而治
其教不肃而成
天下治

《孝经》集注

开宗明义章第一

严可均云："《正义》云：'今《郑注》见章名。'《释文》用《郑注》，本亦有章名，《群书治要》无章名。"道耕案，《治要》所录群经、诸子或有篇名，或无篇名，例不画一，未足据。又《正义》、石台、唐石经、今本皆有"第一""第二"字，今依《释文》本。

仲尼居，郑玄注：仲尼，孔子字。《群书治要》卷九。后但署《治要》。居，居讲堂也。《释文》《正义》。案，《释文》引《注》文"居"作"尻"。臧镛堂云："此因《释文》上云《说文》作'尻'，因并改此也。"今考《释文》《治要》所据郑本经文皆作"居"，臧说是也。严氏并改经文作"尻"，非是。今订正经、注，并作"居"。

唐玄宗《御注孝经》（下称"玄宗注"）：仲尼，孔子字。居，谓闲居。

曾子侍，郑玄注：曾子，孔子弟子也。《治要》。

玄宗注：曾子，孔子弟子也。侍，谓侍坐。

子曰："先王有至德要道，郑玄注：子者，孔子。《治要》。禹，三王最先者。《释文》。严云："《释文》此下有'案，五帝官天下，三王禹始传于子，[①]于殷配天，故为孝教之始。王，谓文王也'二十八字，盖皆《郑注》。唯因有'案'字，疑为陆德明申说之词，退附《注》末。"案此文不类陆语，丁氏晏亦辑为《郑注》，当是。臧辑及洪氏颐煊辑本并不载，今依严辑本。至德，孝弟也。要道，礼乐也。《释文》。"弟"，原作"悌"，据臧校改。

以顺天下，民用和睦，上下无怨。郑玄注：以，用也。睦，亲也。至德以教之，要道以化之，是以民用和睦，上下无怨也。《治要》。

---

① 三王禹始传于子："子"，国图藏宋本《经典释文》作"殷"，涉下而误。

玄宗注：孝者，德之至，道之要也。言先代圣德之主，能顺天下人心，行此至要之化，则上下臣人[1]和睦无怨。

司马光《古文孝经指解》(下称“司马光《指解》”)：圣人之德，无以加于孝，故曰“至德”。可以治天下、通神明，故曰“要道”。天地之经，而民是则，非先王强以教民，故曰“以顺天下”。孝道既行，则父父、子子、兄兄、弟弟，故民和睦。下以忠顺事其上，上不敢侮慢其下，故“上下无怨”。

女知之乎?”“女”，今本作“汝”。

曾子辟席曰：“辟”，今本作“避”。今依《释文》本。“参不敏，何足以知之?”郑玄注：参，名也。《治要》。案“名”上当增“曾子”二字。敏，犹达也，《仪礼·乡射礼》疏。参不达。《治要》。《释文》云：“辟，音避，《注》同。”龚氏案：《明皇注》云云，上下皆依《郑注》。“礼师有问”二句，亦必用郑义。《唐注》多有本诸家而《正义》不言依某义者，盖邢昺校定时所翦截也。

玄宗注：参，曾子名也。礼，师有问，避席起答。敏，达也。言参不达，何足以知此至要之义?

子曰：“夫孝，德之本也，郑玄注：夫□。《释文》。凡文不连属，或有阙脱者，皆以□别之。人之行莫大于孝，故曰德之本也。《治要》。《正义》末句作“故为德本”。《释文》有“人之行”三字。案《唐注》作“故为德本”，盖约用郑义。今从《治要》本。

玄宗注：人之行莫大于孝，故为德本。

教之所由生也。郑玄注：教人亲爱，莫善于孝，故言教之所由生。《治要》。

玄宗注：言教从孝而生。

复坐，吾语女。郑玄注：□复坐□。《释文》。上下阙。龚氏案：《唐

---

① 则上下臣人：“臣”原本作“神”。石台《孝经》碑、清嘉庆阮刻本《十三经注疏》、天圣本《御注孝经》俱作“臣”，据改。

注》云云,或是用《郑注》。

玄宗注:曾参起对,故使复坐。

司马光《指解》:人之修德,必始于孝,而后仁义生;先王之教,亦始于孝,而后礼乐兴。

身体发肤,受之父母,不敢毁伤,孝之始也。郑玄注:父母全而生之,已当全而归之。[①]《正义》。

玄宗注:父母全而生之,已当全而归之,故不敢毁伤。

司马光《指解》:身体,言其大;发肤,言其细。细犹爱之,况其大乎?夫圣人之教所以养民而全其生也。苟使民轻用其身,则违道以求名,乘险以要利,忘生以决忿,如是而生民之类灭矣。故圣人论孝之始,而以爱身为先。或曰,孔子云"有杀身以成仁",然则仁者固不孝与?曰,非此之谓也。此之所言,常道也。彼之所论,遭时不得已而为之也。仁者岂乐杀其身哉?顾不能两全,则舍生而取仁,非谓轻用其身也。

立身行道,扬名于后世,以显父母,孝之终也。郑玄注:父母得其显誉也者。《释文》。严云:"或当作'者也',转写倒。"臧云:"'者'字当衍。"今仍原文。

玄宗注:言能立身行此孝道,自然名扬后世,光显其亲,故行孝以不毁为先,扬名为后。

司马光《指解》:人之所谓孝者,"有事弟子服其劳,有酒食先生馔",圣人以为此特养尔,非孝也。所谓孝,国人称愿然,曰:"幸哉,有子如此!"故君子立身行道以为亲也。

夫孝,始于事亲,中于事君,终于立身。"郑玄注:父母生之,是事亲为始。(四十)强而仕。[②] 是事君为中。七十(耳目不聪明),

① 已当全而归之:"已"原本作"子",元泰定刻本《孝经注疏》、清嘉庆阮刻本《十三经注疏》俱作"已",据改。

② 强而仕:原本作"彊而仕,《正义》作'四十强而仕',今依《释文》"。今按国图藏宋本《经典释文》亦作"强",据删。

行步不逮,(退就田里),悬车致仕,《释文》有此八字,《正义》但作“七十致仕”。(详习孝道,以教弟子,足以立身扬名而已。)①

玄宗注:言行孝以事亲为始,事君为中,忠孝道著,乃能扬名荣亲。故曰“终于立身”也。

司马光《指解》:明孝非直亲而已。

《大雅》云:“无念尔祖,《释文》“无”作“毋”,“尔”作“爾”,今依各本。聿修厥德。”郑玄注:《大雅》者,《诗》之篇名。《治要》。雅者,正也。方始发章,以正为始。《正义》。无念,无忘也。《释文》《治要》。(祖,先祖。聿修之理。厥,其。为孝之道,无敢忘尔先祖,当修治其德矣。不言《诗》而言《雅》者何?诗者通辞;雅者,正也。方始发章,欲以正为始也。)②聿,述也。修,治也。为孝之道,无敢忘尔先祖,当修治其德矣。《治要》。

玄宗注:《诗·大雅》也。无念,念也;聿,述也;厥,其也。义取恒念先祖,述修其德。

司马光《指解》:毋念,念也。言“毋亦念尔之祖乎,而不修德也?”引此以证人之修德,皆恐辱先也。

范祖禹《古文孝经说》(下称“范祖禹《说》”):圣人之德,无以加于孝,故曰“至德”。治天下之道,莫先于孝,故曰“要道”。因民之性而顺之,故曰“顺天下”。“民用和睦,上下无怨”,顺之至也。上以善道顺下,故下无怨;下以爱心顺上,故上无怨。人之为德,必以孝为本,先王所以治天下,亦本于孝而后教生焉。孝者,五常之本,百行之基也。未有孝而不仁者也,未有孝而不义者也,未有孝而无礼者也,未有孝而不智者也,未有孝而不信者也。以事君则忠,以事兄则悌,以治民则爱,以抚幼则慈。德不本于孝则非德也,

① “详习孝道”三句:原本作者自辑唐注“是立身为终也。《正义》。案臧本依《释文》,以《正义》所引旁注云:‘《正义》约郑义,非其本文,故与《释文》所标者异。’今依严本、洪本”。今按,陈铁凡《孝经郑注校证》(以下简称“陈氏《校证》”)引敦煌写本有此注,据改。

② “祖先祖”至“欲以正为始也”:原本无。陈氏《校证》引敦煌写本有此注,据补。其中“先祖当修治其德矣”一句,又为陈铁凡据皮锡瑞《孝经郑注疏》补。

教不生于孝则非教也。君子之行必本于身,《记》曰:“身也者,亲之枝也,可不敬乎?”身体发肤,受之于亲而爱之,则不敢忘其本;不敢忘其本,则不为不善以辱其亲。此所以为孝之始也。善不积不足以立身,身不立不足以行道。行修于内,而名从之矣。故以身为法于天下,而扬名于后世,以显其亲者,孝之终也。居则事亲者,在家之孝也;出则事长者,在邦之孝也;“立身扬名”者,永世之孝也。尽此三道者,君子所以成德也。《记》曰:“必则古昔,称先王。”故孔子言孝,每以《诗》《书》明之,言必有稽也。

天子章第二

子曰:“爱亲者,不敢恶于人。郑玄注:爱其亲者,不敢恶于他人之亲。《治要》。《释文》有“恶”字。

玄宗注:博爱也。

敬亲者,不敢慢于人。郑玄注:己慢人之亲,人亦慢己之亲,故君子不为也。《治要》。

玄宗注:广敬也。

司马光《指解》:语更端,故以“子曰”起之。不敢恶慢,明出乎此者,返乎彼者也。恶慢于人,则人亦恶慢之,如此,辱将及亲。

爱敬尽于事亲,郑玄注:尽爱于母,尽敬于父。《治要》。而德教加于百姓,郑玄注:敬以直内,义以方外,故德教(流行),加于百姓也。《治要》。形于四海。本俱作“刑于”,臧云:“郑本作‘形’,《注》云:‘形,见。’唐本作‘刑’,《注》云:‘刑,法也。’《释文》有‘法也’二字,浅人所加。《孝经序》‘庶几广爱形于四海’,此参用郑本也。此经‘形于四海’,犹《应感章》‘光于四海’,当从郑本作‘形’。唐本作‘刑’,非也。又凡古文经作‘于’,今文及传、注作‘於’,《孝经》传也,又今文也,故字皆作‘於’,不当作‘于’。此章及《应感章》‘通於神明,光於四海’,‘於’‘于’字皆错见,非也。此章作‘刑于’,盖因《诗·思齐》文相涉,误改。《庶人章》正义作‘加於百姓,刑於四海’,可据以订正。”道耕案,《治要》本正作“形”,“於”仍作“于”,臧氏谓今文经、传、注皆作“於”,未足据。惟此经“於”字三十六见,不应此二处独作“于”,故用臧说改正。郑玄注:形,见也。德教流行,见四海也。《治要》(无所不通。)[①]《释文》有“形见”二字。《注》文“四海”上当补“于”字。

玄宗注:刑,法也。君行博爱广敬之道,使人皆不慢恶其亲,则德教加被天下,当为四夷之所法则也。

盖天子之孝也。”郑玄注:盖者,谦辞。《正义》。

玄宗注:盖,犹略也。孝道广大,此略言之。

司马光《指解》:爱、恭人者,惧辱亲也。然爱人人亦爱之,恭人人亦恭之。人爱之则莫不亲,人恭之则莫不服。以天子而行此道,则德教可以加于百姓,刑于四海矣。刑,法也。言皆以为法。

《甫刑》云:《治要》本作“吕刑”,今依《释文》及各本。“一人有庆,兆民赖之。”郑玄注:《甫刑》,《尚书》篇名。《治要》。引辟连类,《文选·孙子荆为石仲容与孙皓书》注。《释文》有“引辟”二字。案《选》注“辟”作“譬”,今依《释文》。《书》录王事,故证《天子之章》。《正义》云:“《郑注》以《书》录王事,故证《天子之章》,以为引类得象。”案“引类得象”,即“引辟连类”之异文。严辑本以“引类得象”连“引辟连类”下,臧辑本又谓《正义》约述郑义,并“书录”十字附之旁注,皆非是。一人,谓天子。《治要》。(土无二王,故言一人。庆,善,赖,蒙也,)[②]亿万曰兆,天子曰兆民,诸侯曰万民。《五经算术》上。案甄鸾但引《孝经注》,以《隋志》“周齐唯传郑义”证之,知是《郑注》。天子为善,(言《甫刑》者何?《尚书》以书录王事,故证天子之章。以为引辟连类引类得象。)[③]天下皆赖之。《治要》。

玄宗注:《甫刑》即《尚书·吕刑》也。一人,天子也;庆,善也。十亿曰兆,义取天子行孝,兆人皆赖其善。

司马光《指解》:庆,善也。一人为善,而天下赖之。明天子举动,所及者远,不可不慎也。

---

① 无所不通:原本无。陈氏《校证》引敦煌写本有此注,据补。

② “土无二王”至“赖蒙也”:原本无。陈氏《校证》引敦煌写本有此注,据补。

③ “言《甫刑》者何”至“引类得象”:原本无。陈氏《校证》引敦煌写本有“……者何《尚书》……像……也……”文,前后有阙文。陈铁凡补足之。可备参考。

范祖禹《说》：天子之孝，始于事亲，以及天下。爱亲则无不爱也，故“不敢恶于人”；敬亲则无不敬也，故“不敢慢于人”。天子之于天下也，不敢有所恶，亦不敢有所慢。则事亲之道极其爱敬矣。刑之为言，法也。“德教加于百姓，刑于四海”者，皆以天子为法也。天子者，天下之表也。率天下以视一人，天子爱亲，则四海之内无不爱其亲者矣。天子敬亲，则四海之内无不敬其亲者矣。天子者，所以为法于四海也。《诗》曰：“群黎百姓，遍为尔德。”故孝始于一心，而教被于天下；庆在其一身，而亿兆无不赖之也。

诸侯章第三

在上不骄，高而不危，郑玄注：诸侯在民上，故言在上。敬上爱下，谓之不骄，故居高位而不危殆也。《治要》。《释文》有“危殆”二字。

玄宗注：诸侯，列国之君，贵在人上，可谓高矣，而能不骄，则免危也。

司马光《指解》：高而危者，以骄也。

制节谨度，满而不溢。郑玄注：费用约俭，谓之制节。奉行天子法度，谓之谨度。《治要》。《正义》后二句作“慎行礼法，谓之谨度”。《释文》有“费用约俭”四字。故能守法而不骄逸也。《治要》。无礼为骄，奢泰为溢。《正义》。《释文》有下句。

玄宗注：费用约俭，谓之制节；慎行礼法，谓之谨度。无礼为骄，奢泰为溢。

司马光《指解》：满为溢者，以奢也。制节，制财用之节。谨度，不越法度。

高而不危，所以长守贵也。郑玄注：居高位而不骄，所以长守贵。《治要》。“而”，单行《郑注》本作“能”，今从《治要》刻本。

满而不溢，所以长守富也。郑玄注：虽有一国之财而不奢泰，故能长守富。《治要》。

富贵不离其身，郑玄注：富能不奢，贵能不骄，故云不离其身。[①]《治要》。《释文》有"离"字。

然后能保其社稷，郑玄注：社，谓后土也。勾龙为后土。《礼记·郊特牲》正义。《周礼·封人》疏引上句。《周礼·大宗伯》疏引作"社后土"。案此下当有解"稷"字语，今阙。（功于人，故祭之。）[②]上能长守富贵，然后乃能安其社稷。《治要》。严本脱此条。而和其民人。郑玄注：薄赋敛，省傜役，是以民人和也。《治要》。《释文》无末句。

玄宗注：列国皆有社稷，其君主而祭之。言富贵常在其身，则长为社稷之主，而人自和平也。

盖诸侯之孝也。郑玄注：列土封畺，《释文》《周礼·大宗伯》疏。案"畺"，原俱引作"疆"。臧云："叶钞本《释文》云'疆'字又作'疆'，则所标'疆'字当作'畺'"。今据改。谓之诸侯。《周礼·大宗伯》疏。

司马光《指解》：能保社稷，孝莫大焉。

《诗》云："战战兢兢，如临深渊，如履薄冰。"郑玄注：战战，恐惧。兢兢，戒慎。（引《诗》自明，即孔子之谦。）[③]如临深渊，恐队。如履薄冰，恐陷。《治要》。《正义》无"如渊如冰"四字，"队"作"坠"。《释文》有"恐队恐陷"四字。义取为君恒须戒慎。《正义》。"慎"，原作"惧"。臧云："石台本、岳本作'慎'，《正义》亦云'常须戒慎'。今《注》及《疏》标起止作'惧'，误。"今据改。

玄宗注：战战，恐惧；兢兢，戒慎。临深恐堕，履薄恐陷，义取为君，恒须戒慎。

司马光《指解》：不敢为骄奢。

范祖禹《说》：国君之位，可谓高矣；有千乘之国，可谓满矣。在上位而不骄，故虽高而不危；制节而能约，谨度而不过，故虽满而

---

① 故云不离其身："云"原本作"能"。四部丛刊本、日本金泽文库本《治要》作"云"，据改。后校勘之辞"'故能'，单行《注》本作'故云'。今依《治要》刻本"一并删去。

② 功于人，故祭之：原本无，陈氏《校证》引敦煌写本有此注，据补。"功""故"为陈据石滨抄补。

③ 引《诗》自明，即孔子之谦：原本无。陈氏《校证》引敦煌写本有此注，据补。

不溢。贵者易骄,骄则必危;富者易盈,盈则必覆。故圣人戒之。贵而不骄,则能保其贵矣;富而不奢,则能保其富矣。国君不可以失其位,惟勤于德,则富贵不离其身。故能保其社稷,和其民人。所受于天子,先君者也。能保之,则为孝矣。《诗》云"战战兢兢,如临深渊,如履薄冰",言处富贵者,持身当如此,戒慎之至也。夫位愈大者守愈约,民愈众者治愈简。《中庸》曰:"君子笃恭,而天下平。"故天子以事亲为孝,诸侯以守位为孝。事亲而天下莫不孝,守位而后社稷可保,民人乃和。天子者,与天地参,德配天地,富贵不足以言之也。

卿大夫章第四

非先王之法服不敢服,郑玄注:法服,谓先王制五服。天子服日月星辰,诸侯服山龙华虫,卿大夫服藻火,士服粉米,皆谓文绣也。《周礼·小宗伯》疏引作"先王制五服,日月星辰服,诸侯服山龙"云云。《北堂书钞》卷八十六引作"法服谓日月星辰、山龙华虫、藻火、粉米、黼黻,皆文绣"。卷一百二十八引作"天子服"云云,至"粉米"。又引"士服粉衮羔",即"粉米"之误。《释文》有"服山龙华虫、服藻火、服粉米,皆谓文绣也"十六字。《文选·陆士龙大将军宴会被命作诗》注引"大夫服藻火"。诸引互异,今合并参订。严云:"郑注《礼器》云:'夫子服日月以至黼黻。'今此不至黼黻,阙文也。"田猎战伐,(采药)卜筮,[①]冠皮弁,衣素积,百王同之,不改易。(庶人虽富不服。)[②]《仪礼·少牢馈食礼》疏引无"田猎战伐"四字。《诗·六月》正义引"田猎战伐冠皮弁"。《释文》有"田猎卜筮冠素积"七字。案此注尚未完。

玄宗注:服者,身之表也。先王制五服,各有等差。言卿大夫遵守礼法,不敢僭上逼下。

非先王之法言不敢道,郑玄注:(口言诗书,非先王之法言,)[③]

---

① 采药卜筮:原本无"采药"。陈氏《校证》引敦煌写本有,据补。
② 庶人虽富不服:原本无。陈氏《校证》引敦煌写本有此注,据补。
③ 口言诗书,非先王之法言:原本无。陈氏《校证》引敦煌写本有此注,据补。

不合《诗》《书》,则不敢道。《治要》。非先王之德行不敢行。郑玄注:德行□。《释文》。案下阙,以下文推之,当是解德行为礼乐也。礼以检奢。《释文》。乐以(防淫)。[①] 不合礼乐,则不敢行。《治要》。

玄宗注:法言,谓礼法之言;德行,谓道德之行。若言非法、行非德,则亏孝道,故不敢也。

司马光《指解》:君当制义,臣当奉法,故卿大夫奉法而已。

是故非法不言,郑玄注:非《诗》《书》,则不言。《治要》。非道不行。郑玄注:非礼乐,则不行。《治要》。严本此二句经、注并脱,盖传刻失之。

玄宗注:言必守法,行必遵道。

司马光《指解》:谓出于身者也。

口无择言,身无择行。郑玄注:(口言《诗》《书》,有何可择。)[②]

玄宗注:言行皆遵法道,所以无可择也。

司马光《指解》:谓接于人者也。择,谓或是或非,可择者也。

言满天下无口过,行满天下无怨恶。郑玄注:(言诗书满天下,有何口过。行礼乐满天下,有何怨恶。)[③]

玄宗注:礼法之言,焉有口过?道德之行,自无怨恶。

司马光《指解》:谓及于天下者也。言虽远及于天下,犹无过差为人所怨恶。

三者备矣,郑玄注:法先王服,言先王道,行先王德,则为备矣。《治要》。案"法"当作"服"。然后能守其宗庙。郑玄注:宗,尊也。庙,貌也。亲虽亡没,事之若生,为作宫室,《诗疏》"作"作"立",今依

① 乐以防淫:原本阙文:"案下当阙'乐以'云云。"陈氏《校证》引敦煌写本有此注,据补。

② 口言《诗》《书》,有何可择:原本无。陈氏《校证》引敦煌写本有此注,据补。

③ "言诗书满天下"至"有何怨恶":原本阙文:"□过□恶□。《释文》。上下阙。"今按,陈氏《校证》引敦煌写本有此注,据补。

《释文》。四时祭之,若见鬼神之容貌。《诗·清庙》正义。《释文》有“为作宫室”四字。

玄宗注:三者,服、言、行也。礼,卿大夫立三庙,以奉先祖。言能备此三者,则能长守宗庙之祀。

司马光《指解》:三者,谓出于身,接于人及于天下。

盖卿大夫之孝也。郑玄注:张官设府,谓之卿大夫。《礼记·曲礼上》正义。(盖卿大夫行孝,当如此章也。)①

《诗》云:“夙夜匪解,今本“解”作“懈”,《释文》云:“懈,佳卖反。《注》及下字或作‘解’,同。”臧云:“此当作‘解’,佳卖反。《注》及下同字或作‘懈’。据下标注‘解,惰’字,知郑本必作‘解’,若本作‘懈’,正字易识,陆可不音矣。盖浅人据今本易之。”案今据臧说改正。以事一人。”郑玄注:(诗者,直谓《诗》也。云,言也。)②夙,早也。《治要》。夜,莫也。《释文》。《治要》“莫”作“暮”。匪,非也。解,惰也。《华严经音义》卷二十《行品》之二“解”作“懈”。《释文》有“解惰”二字。一人,天子也。卿大夫当早起夜卧,以事天子,勿解惰。《治要》。“解”原作“懈”。

玄宗注:夙,早也;懈,惰也。义取为卿大夫能早夜不惰,敬事其君也。

司马光《指解》:言谨守法度以事君。

范祖禹《说》:卿大夫以循法度为孝,服先王之服,道先王之言,行先王之行,然后可以为卿大夫。不言非法也,故口无可择之言;不行非道也,故身无可择之行。欲言行无可择者,正心而已矣。心正则无不正之言、不善之行。言日出于口皆正也,行日出于身皆善也,虽满天下而无口过怨恶,则可谓孝矣。《易》曰:“言行,君子之所以动天地也。”然则,言满天下亦不必多,行满天下亦不必著。一言一行,皆足以塞乎天下,其可不慎乎!

---

① 盖卿大夫行孝,当如此章也:原本无。陈氏《校证》引敦煌写本有此注,据补。
② “诗者”至“言也”:原本无。陈氏《校证》所引敦煌写本有此注,据补。

士章第五

资于事父以事母,而爱同;郑玄注:资者,人之行也。《释文》《春秋公羊传·定四年》疏。事父与母,爱同,敬不同也。《治要》。

司马光《指解》:资,取也。取于事父之道以事母,其爱则等矣。而恭有杀焉,以父主义、母主恩故也。

资于事父以事君,而敬同。郑玄注:事父与君,敬同,爱不同。《治要》。

玄宗注:资,取也。言爱父与母同,敬父与君同。

司马光《指解》:取于事父之道以事君,恭则等矣,而爱有杀焉。以君臣之际,义胜恩故也。

故母取其爱,郑玄注:(不取其敬。)而君取其敬,郑玄注:(不取其爱。)[1]兼之者父也。郑玄注:兼,并也。爱与母同,敬与君同,并此二者,事父之道也。《治要》。

玄宗注:言事父兼爱与敬也。

司马光《指解》:明父者,爱、恭之至隆。

故以孝事君则忠,郑玄注:移事父孝以事于君,则为忠矣。《正义》。《治要》"矣"作"也"。

玄宗注:移事父孝以事于君,则为忠矣。

以敬事长则顺。郑玄注:移事兄敬以事于长,则为顺也。《治要》《正义》《释文》《注》有"长"字。

玄宗注:移事兄敬以事于长,则为顺矣。

① "不取其敬"及"不取其爱":原本俱无。陈氏《校证》引敦煌写本有此注,据补。

忠顺不失，以事其上，郑玄注：事君能忠，事长能顺，[①]二者不失，可以事上也。《治要》。（上，谓天子，君忠最尊者也。）[②]

然后能保其禄位，而守其祭祀。郑玄注：（内孝父母，外顺君长，然后乃能安其禄位而守其祭祀，）食禀曰禄，（居官曰位，始为曰祭，继世曰祀。）[③]始为日祭。《释文》。原本"始"字空白，据卢校本补。《释文》又云："一本作'始曰为祭'，曰，音越，又人实反。"严云："《艺文类聚》三十八、《初学记》十三引《五经异义》曰：'谨案叔孙通宗庙有日祭之礼，知古而然也。'"道耕案，据此则作"日"者是，《释文》"音越"二字盖浅人所加。又案，此注阙文尚多。

玄宗注：能尽忠顺以事君长，则常安禄位，永守祭祀。

司马光《指解》：君言社稷，卿大夫言宗庙，士言祭祀，皆举其盛者也。礼，庶人荐而不祭。

盖士之孝也。郑玄注：别是非。《释文》。（知义理，谓之士。士之行孝，当如此章。）[④]《诗》云："夙兴夜寐，郑玄注：（夙，早也；兴，起也；夜，暮；寐，卧。）[⑤]无忝尔所生。"郑玄注：忝，辱也。所生，谓父母。士为孝，当早起夜卧，无辱其父母也。《治要》。（而言所生者何，事知义理，则知父母已所从生也。）[⑥]

玄宗注：忝，辱也。所生，谓父母也。义取早起夜寐，无辱其亲也。

司马光《指解》：忝，辱也。言当夙夜为善，毋辱其父母。

范祖禹《说》：人莫不有本，父者生之本也。事母之道，取于事

---

① 事长能顺："顺"原本作"敬"，金泽文库《治要》本作"顺"字，据改。

② 上谓天子，君忠最尊者也：原本无。陈氏《校证》引敦煌写本有此注，陈校："'忠'当作'中'，'忠''中'古通假，写本多用之。"据补。

③ "内孝父母"至"继世曰祀"：原本两句之间有："食禀为禄。《释文》。原本'禄'字空白，据卢校本补。此下尚当有解'位'之文，今阙。"按陈氏《校证》引敦煌写本有此注，据补。

④ "知义理"至"当如此章"：原本阙文，龚校曰："此有阙文，《白虎通》云：'通古今，辨然不，谓之士。'此注'别是非'，即'辨然不'也。盖注文当脱'通古今谓之士'六字，与上《诸侯章》《卿大夫章》此句注文一律。"今按，陈氏《校证》引敦煌写本有此注，据补。

⑤ "夙，早也"至"寐，卧"：原本无。陈氏《校证》引敦煌写本有此注，据补。其中"夜"字为陈氏所补。

⑥ "而言所生者何"三句：原本无。陈氏《校证》引敦煌写本有此注，据补。陈氏复案曰："'事'当为'士'之伪。上注曰：'知义理谓之为士。'"可参。

父之爱心也。事君之道,取于事父之敬心也。其在母也,爱同于父,非不敬母也,爱胜敬也。其在君也,敬同于父,非不爱君也,敬胜爱也。爱与敬,父则兼之。是以致隆于父,一本故也。致一而后能诚,知本而后能孝。故移孝以事君则为忠,推敬以事长则为顺。能保其爵禄、守其祭祀,则不辱。

庶人章第六

用天之道,《治要》本首有"子曰"二字,"用"作"因",严本从之,云:"'因',余萧客所见影宋蜀大字本亦有'子曰',亦作'因'。"案《释文》于《天子章》云:"此一'子曰',通《天子》《诸侯》《卿大夫》《士》《庶人》五章。"是陆所据郑本此章无"子曰"二字,明甚。《治要》有校语云:"'子曰'二字,衍。"是也。"用"字作"因",似与注文顺时义合,然无他证据,故仍依今本。郑玄注:春生夏长,秋收冬藏,《释文》《治要》。《正义》"收"作"敛",非。顺四时以奉事天道也。《治要》。

玄宗注:春生夏长,秋收冬藏,举事顺时,此用天道也。

司马光《指解》:春耕秋获。

分地之利,郑玄注:分别五土,视其高下,若高田宜黍稷,下田宜稻麦,丘陵阪险宜种枣棘。《太平御览》卷三十六"枣棘"作"枣栗"。[①]《唐会要》七十七无"丘陵"以下八字。《初学记》卷五引"高田"以下三句,"枣棘"作"枣栗","阪"作"坂"。《释文》有"分别五土丘陵阪险宜枣棘"十一字,《注》云:"本作'宜种枣棘'。"[②]《治要》《正义》并引"分别"二句。《诗·信南山》正义、《文选·束广微补亡诗》注引"高田"二句。案"枣棘",[③]或作"枣栗",盖所据本异,今依《释文》。此分地之利。《治要》。

玄宗注:分别五土,视其高下,各尽所宜,此"分地利"也。

---

① 《太平御览》卷三十六"枣棘"作"枣栗":"枣栗"原本作"桑栗",今按四部丛刊景宋本刻配补日本聚珍本《太平御览》三十六卷作"枣栗",据改。

② 《注》云"本作'宜种枣棘'":"本"原本作"一本","枣棘"原本作"枣刺",据国图藏元修本《释文》改。

③ 案"枣棘":原此句后有"或作'桑栗'"文,误也。据前引改。按陈氏《校证》引敦煌写本作"棗枣"。

司马光《指解》：高宜黍稷，下宜稻麦。

谨身节用，以养父母。郑玄注：行不为非为谨身，富不奢泰为节用，度财为费。《治要》。《释文》有"行不为非度财为费"八字。什一而税，(虽遭凶年，)①父母不乏也。《治要》。

玄宗注：身恭谨则远耻辱，用节省则免饥寒。公赋既充，则私养不阙。

司马光《指解》：谨身则无过，不近兵刑。节用则不乏，以共甘旨。能此二者，养道尽矣。

此庶人之孝也。郑玄注：(庶，众也。众人为孝，当如此章。上皆言盖者，孔子之谦。庶人至贱，)无所复谦，(故发此言。)②

玄宗注：庶人为孝，唯此而已。

司马光《指解》：明自士以上，非直养而已。要当立身扬名，保其家国。

范祖禹《说》："因天之道"，用其时也；"因地之利"，从其宜也。天有时，地有宜，而财用于是乎滋殖。圣人教民因之，以厚其生。谨身则远罪，节用则不乏，故能以养父母，此孝之事也。

故自天子至于庶人，③孝无终始，而患不及己者，各本无"己"字，《治要》有，严本依《治要》云："据《注》'患难不及其身，身即己也。'《正义》引刘瓛云：'而患行孝不及己者。'又云：'何患不及己者哉。'则经文原有'己'字，《唐注》本臆删。今从之。"未之有也。郑玄注：总说五孝，上从天子，下至庶人，皆当孝无终始。能行孝道，故患难不及其身也。《治要》无"也"字。《释文》有

---

① "什一而税，虽遭凶年"：原本作"什一而出。《释文》"。陈氏《校证》引敦煌写本"出"作"税"，后有"虽遭凶年"，据改。

② "庶，众也"至"故发此言"：原本阙文，龚氏曰："无所复谦。《释文》。有阙脱，洪以此句为'父母不乏'之异文，谓'谦'古通作'慊'。案上四章皆言盖某某之孝也，郑于《天子章》注，以'盖'为谦辞。此章作'此庶人之孝也'，故郑以为无所复谦。严、臧本列此注于此句下，是也。洪说非。"今按，陈氏《校证》引敦煌写本有此注，据补。

③ 故自天子至于庶人：原本有龚氏曰："《治要》本'于'作'於'，非，今从各本。"今按，四部丛刊本、金泽文库本《治要》俱作"于"，据删。

末句。《正义》引刘瓛云:"郑、王诸家,皆以为患及身。"《正义》云:"《仓颉篇》谓患为祸,孔、郑、韦、王之学,引之以释此经。"未之有者,言未之有也。《治要》。《释文》无上句,下句作"善未之有也。"云"善",一本作"难"。《正义》引同《释文》,无"之"字。严云:"难、善,二本皆误。其致误之由,以《郑注》有'皆当孝无终始'之语。而下章复有此语,实则两'无'并宜作'有',何以明之?经云:'孝无终始'者,承首章,始于事亲,终于立身,故此言人之行孝,倘不能有始有终,未有祸患不及其身者也。晋时传写承误,谢万、刘瓛虽曲为之说,于义未安,今拟改《郑注》为'皆当孝有终始',则经旨明白矣。末句尚有差误,不敢意定。"案严说近是,然諟审注文,两"无"非误,郑意盖谓上从天子,下至庶人,皆当尽孝,不限终始。此"无"字,读如无众寡、无小大之"无",与经文"无"字少异。末句当依《正义》引删去"之"字,则于义得通,今姑仍《治要》本。又案《正义》此章疏两引"郑曰",其文不类,盖申郑说者之辞,今不取。

玄宗注:始自天子,终于庶人,尊卑虽殊,孝道同致,而患不能及者,未之有也。言无此理,故曰"未有"。

司马光《指解》:始则事亲也,终则立身行道也。患谓祸败。言虽有其始而无其终,犹不得免于祸败,而羞及其亲,未足以为孝也。

范祖禹《说》:庶人以养父母为孝,自士已上则莫不有位,士以守祭祀为孝,卿大夫以守宗庙为孝,诸侯以保社稷为孝。至于爱敬之道,则自天子至于庶人,一也。始于事亲,终于立身者,孝之终始。自天子至于庶人,孝不能有终有始,而祸患不及者,未之有也。天子不能刑四海,诸侯不能保社稷,卿大夫不能守宗庙,士不能守祭祀,庶人不能养父母,未有灾不及其身者也。

三才章第七

曾子曰:"甚哉!郑玄注:(上孔子语曾子孝,上从天子,下至庶人,皆当孝无终始,曾子乃知孝之为大,故)喟然(叹曰:甚哉,孝之为大也。)[①]孝之大也。"郑玄注:上从天子,下至庶人,皆当孝无

---

① "上孔子语曾子孝"至"孝之为大也":原本阙文:"语喟然。《释文》。有阙脱。"按陈氏《校证》引敦煌写本有此注,据补。

终始，曾子乃知孝之为大。《治要》。

玄宗注：参闻行孝无限高卑，始知孝之为大也。

司马光《指解》：曾子始者亦谓养亲为孝耳，及闻孔子之言立身、治国之道，皆本于孝，乃惊叹其大。

子曰："夫孝，天之经也，郑玄注：春秋冬夏，物有死生，天之经也。《治要》。地之义也，郑玄注：山川高下，水泉流通，地之义也。《治要》。民之行也。郑玄注：孝弟恭敬，民之行也。《治要》"弟"作"悌"。《释文》有"孝弟恭敬行"五字。

玄宗注：经，常也。利物为义。孝为百行之首，人之恒德，若三辰运天而有常，五土分地而为义也。

天地之经，而民是则之。郑玄注：天有四时，地有高下，民居其间，①当是而则之。《治要》。

玄宗注：天有常明，地有常利。言人法则天地，亦以孝为常行也。

司马光《指解》：经，常也。言孝者，天地之常，自然之道，民法之以为行耳。其为大不亦宜乎。

则天之明，郑玄注：则，视也，视天四时，无失其早晚也。《治要》。（□种之。）②因地之利，郑玄注：因地高下所宜何等。《治要》。以顺天下。是以其教不肃而成，郑玄注：以，用也，用天四时地利，顺治天下，下民皆乐之，是以其教不肃而成也。《治要》。《释文》有"民皆乐之"四字。案臧本以"民皆乐之"属上注"孝弟恭敬"下，盖未见《治要》引耳。其政不严而治。郑玄注：政不烦苛，故不严而治也。《治要》。《释文》有上句。

玄宗注：法天明以为常，因地利以行义。顺此以施政教，则不

---

① 民居其间："居"原本作"生"。敦煌写本郑注、四部丛刊本和金泽文库本《治要》、清光绪乙未师伏堂皮锡瑞《孝经郑注疏》本俱作"居"，据改。

② □种之：原本无。据陈氏《校证》引敦煌写本补。

待严肃而成理也。

司马光《指解》：王者逆于天地之性，则教肃而民不从，政严而事不治。今上则天明，下则地义，中顺民性，又何待于严肃乎？

先王见教之可以化民也。郑玄注：见因天地教化民之易也。《治要》。《正义》“民”作“人”。《释文》有“民之易也”四字。案《正义》“民”作“人”，避讳改也。

玄宗注：见因天地教化人之易也。

司马光《指解》：“教”当作“孝”，声之误也。知孝，天地之经，易以化民也。

是故先之以博爱，而民莫遗其亲。郑玄注：先修人事，流化于民也。《治要》。

玄宗注：君爱其亲，则人化之，无有遗其亲者。

司马光《指解》：此亲谓九族之亲。疏且爱之，况于亲乎？

陈之以德义，而民兴行。郑玄注：上好义，则民莫敢不服也。《治要》。《释文》有“上好义”三字。

玄宗注：陈说德义之美，为众所慕，则人起心而行之。

司马光《指解》：陈，谓陈列以教人。兴行，起为善行。

先之以敬让，而民不争。郑玄注：若文王敬让于朝，虞、芮推畔于田。《释文》。《治要》“田”作“野”。上行之，则下效之。《治要》。《释文》有“则下効之”四字。案《治要》“効”作“效”，古字通。单行《注》本作“则下效之法”，有校语云：“‘法’字疑衍。”《治要》刻本作“则下效法也”，盖后改本。今从《释文》。

玄宗注：君行敬让，则人化而不争。

道之以礼乐，而民和睦。“道”，今本作“导”。《释文》：“导，音道，本或作道。”臧云：“当作‘道，音导，本或作导’。今本浅人已改。”案《治要》本作“道”，原本《北堂书钞》卷二十七引《孝经》亦作“道”，二书所据皆郑本也，今据改。郑玄注：上好礼，则民莫敢不敬。《治要》。

玄宗注：礼以检其迹，乐以正其心，则和睦矣。

司马光《指解》：礼以和外，乐以和内。

示之以好恶，而民知禁。郑玄注：善者赏之，恶者罚之，(则)民知(有法令，不敢为非也。)[①]《释文》有“恶”字。

玄宗注：示好以引之，示恶以止之，则人知有禁令，不敢犯也。

司马光《指解》：君好善而能赏，恶恶而能诛，则下知禁矣。五者皆孝治之具。

《诗》云：‘赫赫师尹，民具尔瞻。’”郑玄注：(诗者，直谓《诗》也。云，言也。赫赫，明威貌)。师尹，(大臣)，若冢宰之属。(民已具矣，汝当视人，人亦视汝，汝善而人善矣，下之化上，犹风之靡草。)[②]

玄宗注：赫赫，明盛貌也。尹氏为太师，周之三公也。义取大臣助君行化，人皆瞻之也。

司马光《指解》：赫赫，明盛貌。师尹，周太师尹氏。具，俱也。言上之所为，下必观而化之。

范祖禹《说》：《易》曰：“大哉乾元！万物资始。”资始，则父道也。又曰：“至哉坤元！万物资生。”资生，则母道也。天施之，万物莫不本于天，故孝者“天之经”；地生之，万物莫不亲于地，故孝者“地之义”。天地之道，顺而已矣。经者，顺之常也；义者，顺之宜也。不顺则物不生。天地顺万物，故万物顺天地。民生于天地之间，为万物之灵，故能则天地之经以为行，在天地则为顺，在人则为孝，其本一也。则天地以为行者，民也。则天地以为道者，王也。

---

① 则民知有法令，不敢为非也：原本无“则”，“有法令”作“民知禁”，后注出于“《治要》”。今按，陈氏《校证》引敦煌写本有释“禁”为“法令”之文，据改。

② “诗者，直谓《诗》也”至“犹风之靡草”：原本阙文。龚氏曰：“师尹，若冢宰之属也。《释文》。《诗·节南山》正义云：‘师尹，《孝经注》以为冢宰之属。’女当视民。《释文》。有阙脱。”今按，陈氏《校证》引敦煌写本有此注，据补。

故上则因天之明，下则因地之义，“教不肃而成，政不严而治”，皆因人心也。“先之博爱”者，身先之也。博爱者，无所不爱，况其亲族，其可遗之乎？上之所为，不令而从之，故君能博爱，则民不遗其亲矣。“陈之以德义”，德者得也；义者宜也。得于己，宜于人，必可见于天下，则民莫不兴行矣。“先之以敬让”，为上者不可不敬，为国者不可不让。先之以敬让，所以教民不争也。礼者，非玉帛之谓也；乐者，非钟鼓之谓也。礼所以修外，主于节；乐所以修内，主于和。天叙有典，天秩有礼，五典五礼，所以奉天也。有序则和乐，故乐由是生焉。有序而和，未有不亲睦者也。导之以礼乐，则民和睦矣。上之所好，不必赏而劝；上之所恶，不必罚而惩。好善而恶恶，则民知所禁，甚于刑赏。故人君为天下示其好恶所在而已矣。《诗》云：“赫赫师尹，民具尔瞻。”言民之从于上也。

孝治章第八

子曰：“昔者明王之以孝治天下也，《治要》本脱“也”字。郑玄注：昔，古也。《春秋公羊传序》疏。

玄宗注：言先代圣明之王，以至德要道化人，是为孝理。

不敢遗小国之臣，郑玄注：古者诸侯岁遣大夫，聘问天子无恙。“无恙”二字依《释文》加。天子待之以客礼，[1]此不敢遗小国之臣者也。[2]《治要》。《释文》有“聘问天子无恙”六字。而况于公侯伯子男乎？郑玄注：古者诸侯五年一朝天子，天子使世子郊迎，刍禾百车，以客礼待之。《治要》。《太平御览》卷一百四十七不重“天子”字，“禾”作“米”。《释文》有“五年一朝郊迎刍禾百车以客”十二字，又有校语云：“本或作‘以客礼待之’”。盖后人校《释文》有此本也。昼坐正殿，夜设庭燎，思与相见，问其劳苦也。（此天子以礼待诸侯、公侯伯子男乎？五等诸侯之尊爵也。公者，正也，当为王

① 天子待之以客礼：“客礼”原本无“客”字。陈氏《校证》引敦煌写本有，据补。
② 此不敢遗小国之臣者也：原本无“敢”字。今按陈氏《校证》引敦煌写本补。

者正行天道,二王之后也称公。侯者,候也,当为王者伺候非常。伯者,长也,当为王者长治百姓。子者,慈也,当为王者慈爱人民。男者,任也,当为王者任其职治。及其封之,公与侯各百里。伯七十里,子与男各五十里者,法雷也。雷震百里所润同,七十里者半百里,五十里者半七十里。)[①]《太平御览》卷一百四十七“燓”作“燎”。《释文》有“夜设庭燓”四字。□当为王者□。《释文》。案此文于前后不属,文亦不甚可通,《释文》云:“为,于伪反,下皆同。”今此下不见“为”字,则阙者尚多。公者,正也,言正行其事也。侯者,候也,言斥候而服事。伯者,长也,为一国之长也。子者,字也,言字爱于小人也。男者,任也,言任王之职事也。《正义》引旧解。《释文》有“侯者候伺伯者长男者任也”十一字。案臧氏谓《正义》引旧解皆《郑注》,甚确,惟疑于此条谓言“侯”者与《郑注》异。余谓“候伺”与“斥候”义无大异,特《释文》《正义》所据《郑注》本微不同耳。德不倍者,不异其爵;功不倍者,不异其土。故转相半,别优劣也。《礼记·王制》正义。《释文》有“德不倍别优”五字。案《礼记》疏引作“《孝经》云”,以《释文》证之,知即《郑注》。此上尚有脱文。

玄宗注:小国之臣,至卑者耳。主尚接之以礼,况于五等诸侯?是广敬也。

司马光《指解》:遗,谓简忽,使之失所。

故得万国之欢心,以事其先王。郑玄注:诸侯五年一朝天子,(贡国所有。)[②]各以其职来助祭宗庙。《治要》。《礼记·王制》正义引上句。天子亦五年一巡守,《礼记·王制》正义。《释文》无“天子亦”三字。劳来(诸侯)。[③] 是得万国之欢心,事其先王也。《治要》。

玄宗注:万国,举其多也。言行孝道以理天下,皆得欢心,则各以其职来助祭也。

司马光《指解》:莫不得所欲,故皆有欢心,以之事先王,孝孰

---

① “此天子以礼”至“半七十里”:原本无。陈氏《校证》引敦煌写本有此注全文,据补。(“公与侯各百里”“百里者法雷也”中“百里”、“功不倍者”中“功补”为陈氏引林秀一本所补)。

② 贡国所有:原本无。陈氏《校证》引敦煌写本有,据补。

③ 劳来诸侯:原本阙文:“□劳来□。《释文》。上下阙。”陈氏《校证》引敦煌写本有此注全文,据补。

大焉？

治国者，不敢侮于鳏寡，郑玄注：治国者，诸侯也。《治要》。《唐注》："治国谓诸侯也。"《疏》以为依《魏注》，"魏"当作"郑"，以下治家者注证之可见。又《庶人章》"分地之利"，《唐注》依《郑注》，宋本《疏》亦误作《魏注》。丈夫六十无妻曰鳏，妇人五十无夫曰寡。《诗·桃夭》正义。《广韵》二十八"山"引无"丈夫妇人"四字。《文选·潘安仁关中诗》注引"五十无夫曰寡"。而况于士民乎？郑玄注：（士人中知义理，弱者不见侵，强者不失职。）①

玄宗注：理国，谓诸侯也。鳏寡，国之微者。君尚不敢轻侮，况知礼义之士乎。

司马光《指解》：侮，谓轻弃之；士，谓凡在位者。

故得百姓之欢心，以事其先君。郑玄注：（"绥强以礼，抚弱以仁，竞奉所有，祭其先王也"。）②

玄宗注：诸侯能行孝理，得所统之欢心，则皆恭事助其祭享也。

治家者，不敢失于臣妾，《治要》"妾"下有"之心"二字，乃涉上下文衍，今删。郑玄注：治家，谓卿大夫。《正义》。"治"原作"理"，《唐注》避讳也。今据经文改。（臣），男子贱称，（妾，妇人名。妻子承奉宗庙，家之贵者，务取和同。）③而况于妻子乎？

玄宗注：理家，谓卿大夫。臣妾，家之贱者；妻、子，家之贵者。

---

① "士人中知义理"三句：原引《正义》。龚氏曰："士知礼义。《正义》引旧解。《正义》此下云：'又曰：丈夫之美称。'臧云：'《正义》引旧解，多与《郑注》合。此以士为丈夫美称，与下注男子贱称文句相第。《释文》称字音始见，下则非也，岂'士知礼义'句为《郑注》而《唐注》本之乎？'案臧说是也，今据采此注。"原本有误。今按，元泰定本《孝经注疏》和清嘉庆阮刻本《十三经注疏》"礼义"俱作"义理"。而且陈氏《校证》引敦煌写本有此句郑注，据改。

② "绥强以礼"四句：原本无。陈氏《校证》引敦煌写本有此注，据补。

③ "臣，男子贱称"至"务取和同"：原本阙文。龚氏曰："□男子贱称□。《释文》。臧、严并云：'此注上当有'臣'字，下当有'妾'，女子贱称。'"今按陈氏《校证》引敦煌写本作"臣，男子贱称，妾，妇人名"，据补。陈铁凡以为敦煌本受到《周礼》"晋惠公卜怀公之生曰：男为人臣，女为人妾"影响，有所误写。可备一说。

故得人之欢心,以事其亲。郑玄注:小大尽节。(恭敬安亲。)[1]

玄宗注:卿大夫,位以材进,受禄养亲。若能孝理其家,则得小大之欢心,助其奉养。

夫然,故生则亲安之,郑玄注:养则致其乐,故亲安之也。《治要》。《释文》有上句。案《释文》标注文"养"字在经文"夫然"上,传写之误。祭则鬼享之。《治要》本"享"作"飨",今依《释文》。《注》"飨"字同。郑玄注:祭则致其严,故鬼享之。《治要》。

玄宗注:夫然者,然。上孝理皆得欢心,则存安其荣,没享其祭。

司马光《指解》:治天下国家者,苟不用此道,则近于危辱,非孝也。

是以天下和平,郑玄注:上下无怨,故和平。《治要》。灾害不生,郑玄注:风雨时节,[2]百谷成熟。《治要》。

司马光《指解》:天道和。

祸乱不作。郑玄注:君惠臣忠,父慈子孝,是以祸乱无缘得起也。《治要》。

玄宗注:上敬下欢,存安没享,人用和睦,以致太平。则灾害祸乱,无因而起。

司马光《指解》:人理平。古文乱作䜌,旧读作变。非。

故明王之以孝治天下也如此。郑玄注:故上明王所以灾害不生,灾乱不作,以其孝治天下,故致于此。《治要》。

玄宗注:言明王以孝为理,则诸侯以下化而行之。故致如此福应。

---

① 恭敬安亲:原阙:"《释文》。有阙脱。"陈氏《校证》引敦煌写本有此注,据补。

② 风雨时节:"时节"原本作"顺时",陈案:"下文《感应章》有注'孝至于天,则风雨时节',与此'时节'同。时节即风调应时相配合调节之义。"据改。

司马光《指解》：使国以孝治其国，家以孝治其家，以致和平。

《诗》云：'有觉德行，四国顺之。'"郑玄注：觉，大也。有大德行，四方之国，顺而行之也。《治要》。《唐注》与此同，"大也"下有"义取天子"四字。《正义》惟云："觉，大也。依《郑注》。"（化流明矣。）①

玄宗注：觉，大也。义取天子有大德行，则四方之国，顺而行之。

司马光《指解》：觉，大也，直也。言王者有大直之德行，谓以孝治天下，故四方之国，无敢逆之。

范祖禹《说》：天子不敢遗小国之臣，则待公侯伯子男以礼可知矣。上以礼待下，下以礼事上，而爱敬生焉。爱敬，所以得天下之欢心也。以万国欢心而事先王，此天子孝之大者也。治国者不敢侮鳏寡，则无一夫不获其所矣。以百姓欢心而事先君，此诸侯孝之大者也。伊尹曰："匹夫匹妇，不获自尽，民主罔与成厥功。"天子之于天下，诸侯之于一国。有一夫不获其所，一物不得其养，则于事先王、先君有不至者矣。治家者遇臣妾以道，待妻子以礼，然后可以得人之欢心，而不辱其亲矣。自天子至于卿大夫，事亲以欢心为大。天子必得天下之心，诸侯必得一国之心，卿大夫必得人之心，乃可以为孝矣。夫知幽莫如显，知死莫如生，能事亲则能事神，故"生则亲安之，祭则鬼享之"，其理然也。灾害，天之所为也；祸乱，人之所为也。夫孝，致之而塞乎天地，溥之而横乎四海，推一人之心而至于阴阳和、风雨时，故灾害不生、礼乐兴、刑罚措，故祸乱不作。《诗》云："有觉德行，四国顺之。"以天下之大，而莫不顺于一人，惟能孝也。

圣治章第九

曾子曰："敢问圣人之德，无以加于孝乎？"郑玄注：（曾子见上明王孝治天下，致于和平，灾害不生，祸乱不作，以为圣人合天地，

① 化流明矣：原本无。陈氏《校证》引敦煌写本有此注，据补。

当有异于孝乎？故问之也。）[①]

玄宗注：参闻明王孝理以致和平，又问圣人德教，更有大于孝不？

司马光《指解》：言圣人之德，亦止于孝而已邪？

子曰："天地之性人为贵。郑玄注：贵其异于万物也。《治要》。《唐注》同。《正义》云："依《郑注》。"

玄宗注：贵其异于万物也。

司马光《指解》：人为万物之灵。

人之行莫大于孝，郑玄注：孝者，德之本，又何加焉！《治要》。

玄宗注：孝者，德之本也。

司马光《指解》：孝者，百行之本。

孝莫大于严父，郑玄注：莫大于尊严其父。《治要》。《治要》刻本无"于"字，从单注本补。

玄宗注：万物资始于乾，人伦资父为天，故孝行之大，莫过尊严其父也。

司马光《指解》：严，谓尊显之。

严父莫大于配天，郑玄注：尊严其父，莫大于配天。生事爱敬，死为神主也。《治要》。则周公其人也。郑玄注：尊严其父，配食天者，周公为之。《治要》。《治要》刻本无"尊严"字，从单注本补。

玄宗注：谓父为天，虽无贵贱，然以父配天之礼，始自周公。故曰"其人"也。

司马光《指解》：圣人之孝，无若周公事业著明，故举以为说。

昔者周公郊祀后稷以配天，[②]郑玄注：郊者，祭天之名，（在国

---

① "曾子见上"至"故问之也"：原本无。陈氏《校证》引敦煌写本有此注，据补。

② 昔者周公郊祀后稷以配天：原本龚氏曰："《释文》本'祀'作'巳'，盖传写之讹，或据谓郑本如是，误也"。今按，国图藏元修本《释文》无误。

之南郊，故谓之郊。）后稷者，（是尧臣，）周公之始祖。（自外至者，无主不止，故推始祖，配天而食之。）①严辑本此下有“东方青帝灵威仰周为木德威仰木帝”十五字，云：据《正义》。检寻《正义》，此乃约举郑氏《礼注》之义。且末云：“郑说具于《三礼义宗》。”则非《孝经注》明矣。洪、臧各辑本俱不载此文，今删。

玄宗注：后稷，周之始祖也。郊，谓圜丘祀天也。周公摄政，因行郊天之祭，乃尊始祖以配之也。

宗祀文王于明堂，以配上帝。郑玄注：文王，周公之父。明堂，天子布政之宫。《治要》。明堂之制，八窗四闼，《太平御览》卷一百八十八。上圆下方，《白孔六帖》卷十。案此明堂制度未备，盖犹有阙脱。居国之南，《正义》。《玉海》卷九十五“居”作“在”。南是明阳之地，故曰明堂。《正义》。上帝者，天之别名也。《史记·封禅书》集解、《宋书·礼志三》。《治要》无“也”字。《南齐书》卷九引作“上帝亦天别名”。《唐书·王仲邱传》引作“上帝亦天也”。严云：“郑以上帝为天别名，谓五方天帝，别名上帝，非即昊天上帝也。”案王伯厚谓此注为与郑他经注不同之证，观严说可无疑矣。神无二主，故异其处，辟后稷也。《史记·封禅书》集解、《续汉书·祭祀志中》注。《宋书·礼志三》引作“明堂异处，以避后稷”。《唐书·王仲邱传》引作“但异其处，以避后稷”。《释文》无“神无二主”四字。案“辟”字诸引皆作“避”，今依《释文》。

玄宗注：明堂，天子布政之宫也。周公因祀五方上帝于明堂，乃尊文王以配之也。

是以四海之内，各以其职来助祭。今本无“助”字，臧云：“《礼记·礼器》正义、《公羊·僖十五年》疏、《后汉书·班彪传下》注引《孝经》皆有‘助’字，诸家所据《孝经》皆《郑注》本，是郑本《孝经》有‘助’字。”今据增。郑玄注：周公行孝于朝，越尝重译来贡，是得万国之欢心也。《治要》。《释文》有“于朝越尝重译”六字。《治要》“尝”作“裳”，今依《释文》。

玄宗注：君行严配之礼，则德教刑于四海。海内诸侯各修其职，来助祭也。

---

① “郊者，祭天之名”至“配天而食之”：原本阙文，作“郊者，祭天之名。《宋书·礼志三》。《治要》无‘之’。后稷者，周公始祖。《治要》。”今按，陈氏《校证》引敦煌写本有此注，据补。

夫圣人之德，又何以加于孝乎？郑玄注：孝弟之至，通于神明，岂圣人所能加？《治要》。

玄宗注：言无大于孝者。

司马光《指解》：武王克商，则后稷、文王固有配天之尊矣。然居位日寡，礼乐未备，政教未洽，其于尊显之道，犹若有阙。及周公摄政，制礼作乐，以致太平。四海之内，莫不服从，各率其职，以来助祭。然后圣人之孝，于斯为盛。

故亲生之膝下，以养父母日严。郑玄注：（子亲生之父母膝下，是以养则）致其乐。①

玄宗注：亲，犹爱也。膝下，谓孩幼之时也。言亲爱之心，生于孩幼。比及年长，渐识义方，则日加尊严，能致敬于父母也。

司马光《指解》：此下又明圣人以孝德教人之道也。亲者，亲爱之心。膝下，谓孩幼嬉戏于父母膝下之时也。当是之时，已有亲爱之心，而未知严恭。及其稍长，则日加严恭，明皆出其天性，非圣人强之。膝或作育。

圣人因严以教敬，因亲以教爱。郑玄注：因人尊严其父，教之为敬。因亲近于其母，教之为爱。顺人情也。《治要》。《释文》有"亲近于母"四字。《正义》云："旧注取《士章》之义，而分爱敬父母之别。"②案《治要》原作"因亲近于其父"，误，今依《释文》。又案《正义》引旧注即《郑注》，此亦一证。

玄宗注：圣人因其亲严之心，敦以爱敬之教。故出以就傅，趋而过庭，以教敬也。抑搔痒痛，悬衾箧枕，以教爱也。

司马光《指解》：严亲者，因心自然；恭爱者，约之以礼。

圣人之教不肃而成，郑玄注：圣人因人情而教民，民皆乐之，故不肃而成也。《治要》。其政不严而治。郑玄注：其身正，不令而行，

① 子亲生之父母膝下，是以养则致其乐：原本有阙，作"□致其乐□。《释文》。上下阙"。今按陈氏《校证》引敦煌写本有此全注，据补。

② 而分爱敬父母之别："敬"原本作"近"，今按元泰定本和阮刻本俱作"爱敬"。据改。

故不严而治。《治要》。《释文》有"不令而行"四字。

玄宗注：圣人顺群心，以行爱敬，制礼则以施政教，亦不待严肃而成理也。

其所因者本也。郑玄注：本，谓孝也。《治要》。《唐注》同。《正义》云："此依《郑注》也。"（孝道流行，故乃不严而治。）[1]

玄宗注：本，谓孝也。

司马光《指解》：本，谓天性。

范祖禹《说》：天地之生万物，惟人为贵。人有天地之貌，怀五常之性，故人之行莫大于孝。圣人者，人伦之先也，惟孝为大。严父，孝之大者也。天子有配天之理，配天，严父之大者也。自周公始行之，故郊祀后稷以配天，宗祀文王以配上帝。四海之内，皆来助祭也，所谓"得万国之欢心，事先王"者也。圣人德至以如此，惟生于心也。孩提之童，无不知爱其亲者，故循其本而言之，亲爱之心生于膝下，此其生知之良心。亲既长矣，则知养父母，而日加敬矣。此亦其自然之良心也。圣人非能强人以为善，顺其性，使明于善而已矣。爱敬之心，人皆有之，故因其有严而教之敬，因其有亲而教之爱。此所以教不肃而成，政不严而治。其治同者，因于人之天性故也。

父子之道，天性也，郑玄注：性，常也。《治要》。（父子相生，天之常道。）[2]

司马光《指解》：不慈不孝，情败之也。

君臣之义也。郑玄注：君臣非有天性，但义合耳。《治要》。（三谏不从，待放而去。）[3]

玄宗注：父子之道，天性之常。加以尊严，又有君臣之义。

① 孝道流行，故乃不严而治：原本无。陈氏《校证》引敦煌写本有此注，据补。

② 父子相生，天之常道：原本无。陈氏《校证》引敦煌写本有此注，据补。

③ 三谏不从，待放而去：原本无。陈氏《校证》引敦煌写本有此注，据补。

司马光《指解》：父，君；子，臣。

父母生之，续莫大焉。郑玄注：父母生之，骨肉相连属，复何加焉。《治要》。《释文》有"复何加焉"四字。《治要》刻本注文"之"作"子"。①

玄宗注：父母生子，传体相续，人伦之道，莫大于斯。

司马光《指解》：人之所贵有子孙者，为续祖父之业故也。续，或作绩。

君亲临之，厚莫重焉。郑玄注：君亲择贤，显之以爵，宠之以禄，厚之至也。《治要》。

玄宗注：谓父为君，以临于己，恩义之厚，莫重于斯。

司马光《指解》：有君之尊，有亲之亲，恩义之厚，莫此为重。

范祖禹《说》：父慈子孝者于天性，非人为之也。父尊子卑，则君臣之义立矣。故"有父子然后有君臣"。《中庸》曰："父母其顺矣乎。"父之爱子，子之孝父，皆顺其性而已矣。君臣之义，生于父子，人非父不生，非君不治，故有父斯有子，有君斯有臣。天地定位，而父子、君臣立矣。父母生之，续其世莫大焉。有君之尊，有亲之亲，以临于己，义之存莫重焉。能知此，则爱敬隆矣。

故不爱其亲而爱他人（亲）者，②谓之悖德；郑玄注：人不能爱其亲而爱他人亲者，谓之悖德。《治要》。"他人"下宜依下注增"之"字。不敬其亲而敬他人（亲）者，③谓之悖礼。郑玄注：不能敬其亲而敬他人之亲者，谓之悖礼也。《治要》。

玄宗注：言尽爱敬之道，然后施教于人。违此，则于德、礼为悖也。

---

① 《治要》刻本注文"之"作"子"："子"原本作"字"。今按，四部丛刊本和金泽文库本俱作"子"，据改。

② 故不爱其亲而爱他人亲者：第二个"亲"字，原本无。今按陈氏《校证》引敦煌写本有，且郑注也有"而爱他人亲者"之言，据补。

③ 不敬其亲而敬他人亲者：第二个"亲"字原本无，张涌泉《敦煌经部文献合集》案：此句与上"不爱其亲而爱他人亲者"相对，上有"亲"字，此句应同。据补。

司马光《指解》：苟不能恭爱其亲，虽恭爱他人，犹不免于悖。以明孝者德之本也。

以顺则逆，郑玄注：以悖为顺，则逆乱之道也。《治要》。[①] 民无则焉。郑玄注：则，法。《治要》。（民无法，即逆乱之道。）[②]

玄宗注：行教以顺人心，今自逆之，则下无所法则也。

司马光《指解》：谓之顺，则不免于逆。又不可为法则。

不在于善，而皆在于凶德。郑玄注：恶人不能以礼为善，乃化为恶。《治要》。悖若桀、纣是也。《正义》。《治要》无"悖"字。[③] 单注本作"若桀、纣是为善"，有校语云："据《释文》，'为善'二字当作一'也'字。"刻本《治要》同《释文》，即据校语改。

玄宗注：善，谓身行爱敬也；凶，谓悖其德礼也。

虽得之，君子不贵也。《治要》本作"君子所不贵"，则与《古文孝经》同，今有通行本。郑玄注：不以其道，故君子不贵。《治要》。

玄宗注：言悖其德礼，虽得志于人上，君子之所不贵也。

司马光《指解》：得之，谓幸而有功利。

君子则不然，

玄宗注：不悖于德礼也。

言思可道，郑玄注：君子不为乱逆之道，言中《诗》《书》，故可传道也。《治要》。《释文》有"言中诗书"四字。"乱逆"，刻本《治要》作"逆乱"。行思可乐。郑玄注：动中规矩，故可乐也。《治要》。《释文》有"乐"字。

玄宗注：思可道而后言，人必信也；思可乐而后行，人必悦也。

---

① 此处原本"《治要》刻本'逆乱'作'悖乱'，今依单注本"之文。今按四部丛刊本和金泽文库本俱无误，因删。

② 民无法，即逆乱之道：原本无。陈氏《校证》引敦煌写本有此注，据补。

③ 《治要》无"悖"字：原本"《释文》"。今按《释文》作"悖德，若桀、纣是也"，有"悖"字，因删。

德义可尊，郑玄注：可尊法也。《治要》。作事可法。郑玄注：可法则也。《治要》。

玄宗注：立德行义，不违道正，故可尊也。制作事业，动得物宜，故可法也。

容止可观，郑玄注：威仪中礼，故可观。《治要》。进退可度。郑玄注：难进而尽忠，易退而补过。《治要》《释文》。案《释文》"忠"误作"中"，今依《治要》。

玄宗注：容止，威仪也。必合规矩，则可观也。进退，动静也。不越礼法，则可度也。

以临其民，是以其民畏而爱之，郑玄注：畏其刑罚，爱其德义。《治要》。则而象之。郑玄注：效(其渐也)。①

玄宗注：君行六事，临抚其人，则下畏其威，爱其德，皆放象于君也。

故能成其德教，郑玄注：(上不教而罚谓之虐，不教而煞谓之暴，是以德成而教尊也。)②而行其政令。郑玄注：不令而伐谓之暴。《释文》。(节用而爱人，使人以时，是以政令而行也。)③

玄宗注：上正身以率下，下顺上而法之，则德教成，政令行也。

司马光《指解》：可道，纯正可传道也。容止，容貌动止也。言皆当极其尊美，使民法之，不为苟得之功利。

《诗》云：'淑人君子，其仪不忒。'"郑玄注：淑，善也。忒，差

---

① 效其渐也：原本阙文，龚氏曰："□傚□。《释文》。上下阙。《正义》'法则而象效之'，《郑注》当类此。"今按，陈氏《校证》引敦煌写本提升下文注"渐也"置前。陈氏案"乃渐次推行德教，而非一蹴而几"。据补。

② "上不教而罚谓之虐"三句：原本阙文："□渐也。《释文》。上阙。"今按陈氏《校证》引敦煌写本有此注，据补。

③ "节用而爱人"三句：原本阙文："上下阙。案《释文》云：'令，力正反。'下文并注并同，则所阙尚多。"今按，陈氏《校证》引敦煌写本有此注，据补。

也。《治要》。《唐注》同。《正义》云:“此依《郑注》也。”《文选·王元长永明十一年策秀才文》注引下句。善人君子,威仪不差,可法则也。《治要》。《唐注》云:“义取君子,威仪不差,为人法则。”与郑义同。《正义》不言依《郑注》,蒙上可知也。

玄宗注:淑,善也。忒,差也。义取君子威仪不差,为人法则。

司马光《指解》:淑,善;忒,差也。言善人君子,内德既茂,又有威仪,然后民服其教。

范祖禹《说》:君子爱亲而后爱人,推爱亲之心以及人也,夫是之谓顺德。敬亲而后敬人,推敬亲之心以及人也,夫是之谓顺礼。若夫有爱心而不知爱亲,乃以爱人,是心也无自而生焉。有敬心而不知敬亲,乃以敬人,是心也亦无自而生焉。无自而生者,无本也。故谓之悖。自内而出者,顺也;自外而入者,逆也。不施之亲而施之他人,是不知己之所由生也。以为顺则逆,不可以为法,故民无则焉。失其本心,则日入于恶,故不在于善,皆在于凶德。虽得志于人上,君子不贵也。君子存其心,修其身,为顺而不悖。言斯可道,皆法言也。行斯可乐,皆善行也。德义可尊,作事可法,所以表仪于民。容止可观,进退可度,德充于内,故礼发于外,美之至也。以此临民,则民畏其敬而爱其仁,则其仪而象其行。故以德教先民,而无不成;以政令率民,而无不行。《诗》云“淑人君子,其仪不忒”,言其德之见于外也。

纪孝行章第十

子曰:“孝子之事亲也,居则致其敬,郑玄注:(记孝行也。)[1]也尽礼也。《释文》。案《释文》云:“一本作‘尽其敬也’,又一本作‘尽其敬礼也’。”臧云:“上‘也’字当衍,《注》以‘尽礼’释‘致敬’。《广要道章》云:‘礼者,敬而已矣。’余二本非。”

玄宗注:平居必尽其敬。

司马光《指解》:恭己之身,不近危辱。

---

① 记孝行也:原本无。陈氏《校证》引敦煌写本有此注,据补。

养则致其乐，郑玄注：乐竭欢心以事其亲。《治要》。

玄宗注：就养能致其欢。

司马光《指解》：乐亲之志。

病则致其忧，郑玄注：色不满容，行不正履。《唐注》。《正义》云："此依《郑注》也。"

玄宗注：色不满容，行不正履。

丧则致其哀，郑玄注：擗踊哭泣，尽其哀情。《唐注》。《正义》云："此依《郑注》也。"《北堂书钞》卷九十三无"哀"字。《释文》有"擗踊泣"三字。

玄宗注：擗踊哭泣，尽其哀情。

祭则致其严。郑玄注：齐必变食，居必迁坐，敬忌踧踖，若亲存也。《北堂书钞》卷八十八。《释文》有"齐必变食敬忌踧"七字。案《书钞》"齐"作"斋"，今依《释文》。陈禹谟删改本《书钞》引此注作"斋戒沐浴，明发不寐"，乃据《唐注》妄改，不足据。

玄宗注：斋戒沐浴，明发不寐。

司马光《指解》：严，犹慕也。

五者备矣，然后能事亲。郑玄注：（谓上五者孝道备矣。然后乃能事其亲也。）①

玄宗注：五者阙一，则未为能。

事亲者居上不骄，郑玄注：虽尊为君，而不骄也。《治要》。

玄宗注：当庄敬以临下也。

为下不乱，郑玄注：为人臣下，不敢为乱也。《治要》。

玄宗注：当恭谨以奉上也。

① "谓上五者"至"事其亲也"：原本无。陈氏《校证》引敦煌写本有此注，据补。

司马光《指解》：乱者，干犯上之禁令。

在丑不争。郑玄注：忿争为丑。刻本《治要》无此句，盖校者以其不可解而删之，今用单注本。丑，类也。以为善不忿争也。《治要》。《释文》有“不忿争也”四字。《治要》无“也”字，依《释文》加。单注本有校语云：“忿事为丑，疑有差误。”严云：“‘以为善’亦有脱误，据下文‘在丑而争’注，‘朋友中好为忿争’，此当云朋友为丑。《曲礼》‘在丑夷不争’注‘丑，众也。夷，犹侪也’。义亦不殊。据《谏争章》‘士有争友’注，‘以贤友助己’，此当云助己为善。己、巳形近，‘以’即‘巳’。脱一‘助’字。存疑，俟定。”

玄宗注：丑，众也；争，竞也。当和顺以从众也。

司马光《指解》：丑，类也。谓己之等夷。

居上而骄则亡，郑玄注：富贵不以其道，是以取亡也。《治要》。为下而乱则刑，郑玄注：为人臣下好作乱，则刑罚及其身也。《治要》。《释文》有“好乱则刑罚及其身也”九字。《治要》无“也”字，依《释文》加。在丑而争则兵。郑玄注：朋友中好为忿争者，则推刃之道也。[1]

玄宗注：谓以兵刃相加。

司马光《指解》：争而不已，必以兵刃相加。

三者不除，虽日用三牲之养，犹为不孝也。”郑玄注：夫爱亲者，不敢恶于人之亲。今反骄乱忿争，虽日致三牲之养，岂得为孝乎？《治要》。《释文》有“不敢恶于人亲”六字。

玄宗注：三牲，太牢也。孝以不毁为先。言上三事皆可亡身，而不除之，虽日致太牢之养，固非孝也。

司马光《指解》：三牲，牛、羊、豕，太牢也。三者不除，忧将及亲。虽日具太牢之养，庸为孝乎？

范祖禹《说》：“居则致其敬”者，舜夔夔斋栗、文王朝于王季日三是也。“养则致其乐”者，舜以天下养、曾子养志是也。“病则致

[1] 则推刃之道也：原本作“惟兵刃之道。《治要》”。今按，陈氏《校证》引敦煌写本作“则推刃之道也”。陈案《公羊传》有“子复雠，推刃之道也。”据改。

其忧”者,武王养疾,文王一饭亦一饭,文王再饭亦再饭是也。丧与祭,孝之终也。备此,然后能事亲。居上不骄,为下不乱,在丑不争,皆恐危其亲也。居上而骄,则天子不能保四海,诸侯不能保社稷,故亡。为下而乱,则入刑之道也。在丑而争,则兴兵之道也。孝莫大于宁亲,三者不除,灾必及亲,虽能备物以养,犹为不孝也。

五刑章第十一

子曰:“五刑之属三千,郑玄注:五刑者,谓墨、劓、膑、宫割、大辟也。《治要》。科条三千,谓劓、墨、宫割、大辟。《释文》。严云:“此注当云墨之属千,劓之属千,膑之属五百,宫割之属三百,大辟之属二百。今本倒乱脱误。”穿窬盗窃者劓,劫贼伤人者墨,男女不与礼交者宫割,坏人垣墙开人关闇者膑,手杀人者大辟。《释文》。(各以其所犯罪科之。条有三千者,谓以事同罪之属也)。[①]“坏人者膑”四字依卢校《释文》补。严云:“此注‘劓’当作‘墨’,‘墨’当作‘劓’,‘男女’至‘宫割’九字当在‘膑’字下。《周礼》司刑二千五百罪以墨、劓、宫、刖、杀为次弟,《吕刑》以墨、劓、剕、宫、大辟为次弟,刖、剕即膑也。此经言‘五刑之属三千’明依《吕刑》。《治要》载《郑注》次弟不误,《释文》非。”又云:“《释文》云此与《周礼注》不同者,据《司刑注》引《书传》也。《书传》是伏生今文说,郑受古文,与伏生说不同。《司刑注》云:其刑书则亡。明所说目略,衰周法家追定,周初未必有之。郑亦据法家为说,各有所本,不必强同。而郑意又有可推得者,唐虞象刑、《吕刑》用罚为刑。法家之说,虽无害于经,究未足以说经,故注《吕刑》无此目略。陆为先陆所误,抉择异同,实为隔碍。”道耕案,此注严本最有条理,说亦明通,今依之。而罪莫大于不孝。郑玄注:不孝之罪,圣人恶之,去在三千条外。《正义》引旧注。《周礼·大司徒》疏:“《孝经》不孝不在三千者,深塞逆源。”臧云:“贾氏知《孝经》不孝不在三千者,据《郑注孝经》言之,与《正义》引旧注合。镛堂谓《正义》所引旧注即郑解,此其信。”道耕案,“深塞逆源”四字,盖亦《郑注》文。

玄宗注:五刑,谓墨、劓、剕、宫、大辟也。条有三千,而罪之大者,莫过不孝。

司马光《指解》:“五刑之属三千”者,异罪同罚,合三千条也。

---

① “各以其所犯罪科之”三句:原本无。陈氏《校证》引敦煌写本有此注,据补。

要君者无上，郑玄注：事君，先事而后食禄，今反要之，此无尊上之道。《治要》。

玄宗注：君者，臣之禀命也，而敢要之，是无上也。

司马光《指解》：君令臣行，所谓顺也。而以臣要君，故曰“无上”。

非圣人者无法，郑玄注：非侮圣人者，不可法。《治要》。《释文》有上五字。

玄宗注：圣人制作礼法，而敢非之，是无法也。

司马光《指解》：圣人，道之极，法之原也。而非之，是无法。

非孝者无亲，郑玄注：己不自孝，又非他人为孝，不可亲。《治要》。《释文》有“人行者”三字。又云：“一本作‘非孝行者’。”盖《释文》所据郑本作“己不自孝，又非他人行孝者”，与《治要》本异。

玄宗注：善事父母为孝，而敢非之，是无亲也。

司马光《指解》：父母且不能事，而况他人，其谁亲之？

此大乱之道也。”郑玄注：事君不忠，侮圣人言，非孝者，大乱之道也。《治要》。

玄宗注：言人有上三恶，岂惟不孝？乃是大乱之道。

司马光《指解》：无上则统纪绝，非法则规矩灭，无亲则本根蹶。三者，大乱之所由生也。

范祖禹《说》：人之善，莫大于孝，其恶莫大于不孝。故圣人制刑，不孝之罪为大。君者，臣之所禀令也，而要之，是无上。圣人者，法之所自出也，而非之，是无法。人莫不有亲，而以孝为非，则是无其父母。此三者，致天下大乱之道也。圣人制刑，以惩夫不孝、要君、非圣之人，所以防天下之乱也。

广要道章第十二

子曰：“教民亲爱，莫善于孝。郑玄注：（孝者，德之本，又何加焉。)[1]

司马光《指解》:亲爱,谓和睦。

教民礼顺,莫善于弟。"弟"今本并作"悌",今依《释文》本。臧云:"《释文》'孝悌'字有'弟''悌'二本,而陆必以'弟'为正,如《广要道章》《广扬名章》经,《三才章》注,皆作'弟'者。因陆云'本亦作悌',浅人不得辄改也。如《开宗明义章》注、《应感章》经,陆无'本亦作悌'之言,后人悉改为'悌'矣。"郑玄注:(先孝后悌,)[2]人行之次也。《释文》。

玄宗注:言教人亲爱礼顺,无加于孝悌也。

司马光《指解》:礼顺,有礼而顺。

移风易俗,莫善于乐。郑玄注:夫乐者,感人情者也。《治要》无"者也"。《释文》无"夫"字及上"者"字。《北堂书钞》卷一百五引作"夫乐感人之情"。乐正则心正,乐淫则心淫也。《治要》。《北堂书钞》卷一百五无"也"字。(孔子曰)[3]:"恶郑声之乱雅乐也。"《释文》。

玄宗注:风俗移易,先入乐声,变随人心,正由君德。正之与变,因乐而彰。故曰"莫善于乐"。

司马光《指解》:荡涤邪心,纳之中和。

安上治民,莫善于礼。郑玄注:上好礼,则民易使也。《释文》、《北堂书钞》卷八十。《治要》无"也"字。

玄宗注:礼,所以正君臣、父子之别,明男女、长幼之序。故可以安上化下也。

司马光《指解》:尊卑有序,各安其分,则上安而民治。

礼者,敬而已矣。郑玄注:敬者,礼之本,有何加焉。《治要》。《唐注》:"敬者,礼之本也。"《正义》云:"此依《郑注》也。"故敬其父则子说,"说",

---

① 孝者,德之本,又何加焉:原本无。陈氏《校证》引敦煌写本有此注。陈氏案:"此注与《圣治章》'人之行,莫大于孝'下注同。皆赞美孝道广大之义。"据补。

② 先孝后悌:原本无。陈氏《校证》引敦煌写本有此注,据补。

③ 孔子曰:原本按"上文阙"。今按陈氏《校证》引敦煌写本有此注,据补。

《治要》及今本并作“悦”,今依《释文》,下皆同。郑玄注:(义可知也。)①

玄宗注:敬者,礼之本也。

司马光《指解》:将明孝,而先言礼者,明礼、孝同术而异名。

敬其兄则弟说,敬其君则臣说,郑玄注:尽礼以事。《释文》。(故皆喜悦。)②敬一人而千万人说,郑玄注:一人,谓父、兄、君。千万人,谓子、弟、臣也。《正义》引旧注。

玄宗注:居上敬下,尽得欢心,故曰“悦”也。

司马光《指解》:天下之父兄君,圣人非能遍致其恭,恭一人,则与之同类者千万人皆悦。

所敬者寡而说者众,郑玄注:所敬一人,是其少。千万人说,是其众。《治要》。此之谓要道也。”郑玄注:孝弟以教之,礼乐以化之,此之谓要道也。《治要》。

司马光《指解》:所守者约,所获者多,非要而何?

范祖禹《说》:孝于父,则能和于亲;弟于兄,则能顺于长。故欲民亲爱礼顺,莫如教以孝弟。乐者,天下之和也;礼者,天下之序也。和,故能移风易俗;序,故能安上治民。夫风俗非政令之所能变也,必至于有乐而后治道成焉。礼则无所不敬而已,天下至大,万民至众,圣人非能遍敬之也,敬其所可敬者,而天下莫不悦矣。故敬人之父,则凡为人子者,无不悦矣。敬人之兄,则凡为人弟者,无不悦矣。敬人之君,则凡为人臣者,无不悦矣。“敬一人而千万人悦”者,以此道也。圣人执要以御繁,敬寡而服众,是以不劳而治道成也。

广至德章第十三

子曰:“君子之教以孝也,非家至而日见之也。臧云:“《文选注》两

① 义可知也:原本无。陈氏《校证》引敦煌写本有此注,据补。

② 故皆喜悦:原本阙文,作“语未竟”。今按陈氏《校证》引敦煌写本有此注,据补。

引《孝经》，皆无上下‘也’字，疑今本衍。”案《治要》亦无上“也”字，今姑依今本。郑玄注：言教非门到户至，日见而语之，但行孝于内，其化自流于外也。《唐注》“言教非家到”云云至“于外”，《正义》云：“此依《郑注》也。”《文选·庾元规让中书令表》注引作“非门到户至而见文”。任彦升《齐竟陵文宣王行状》作“非门到户至而日见也”。《治要》作“但行孝于内，流化于外也”。《释文》有“语之但”三字。案诸引乖异，今参互订正。

玄宗注：言教不必家到户至，日见而语之。但行孝于内，其化自流于外。

司马光《指解》：在于施得其要而已。

教以孝，所以敬天下之为人父者也。郑玄注：天子父事三老，所以教天下孝也。《治要》。《释文》有上句。《治要》作“天子无父”，今依《释文》。教以弟，所以敬天下之为人兄者也。郑玄注：天子兄事五更，所以教天下弟也。《治要》。《释文》有上句。《正义》旧注用应劭《汉官仪》云：“天子无父，父事三老，兄事五更，乃以事父事兄为教孝悌之礼。”《治要》作“天子无兄”，今依《释文》。后刻本《治要》两“无”字皆删去。

玄宗注：举孝悌以为教，则天下之为人子弟者，无不敬其父兄也。

教以臣，所以敬天下之为人君者也。郑玄注：天子郊，则君事天。庙，则君事尸。所以教天下臣。《治要》。

玄宗注：举臣道以为教，则天下之为人臣者，无不敬其君也。

司马光《指解》：天下之父、兄、君，圣人非能身往恭之，修此三道以教民，使民各自恭其长上，则圣人之德，无不徧矣。

《诗》云：‘岂弟君子，《释文》“恺”本又作“岂”，“悌”本又作“弟”。臧云：“各本作‘恺、悌’，郑本当本作‘岂弟’，《释文》盖出后人乙改。”今据以改正。民之父母。’郑玄注：以上三者，教于天下，真民之父母。《治要》。

玄宗注：恺，乐；悌，易也。义取君以乐易之道化人，则为天下苍生之父母也。

司马光《指解》：恺，乐；悌，易也。乐易，谓不尚威猛，而贵惠和也。能以三道教民者，乐易之君子也。三道既行，则尊者安乎上，卑者顺乎下。上下相保，祸乱不生，非为民父母而何？

非至德，其孰能顺民如此其大者乎！"郑玄注：至德之君，能行此三者，教于天下也。《治要》（非至德，则不能如此。）[1]

范祖禹《说》：君子所以教天下，非人人而谕之也，推其诚心而已。故教民孝，则为父者无不敬之；教民弟，则为兄者无不敬之；教民臣，则为君者无不敬之矣。君子所谓教者，孝而已。施于兄则谓之弟，施于君则谓之臣，皆出于天性，非由外也。《诗》云："恺悌君子，民之父母。"恺以强教之，悌以悦安之。为民父母，惟其职是教也。父母之于子，未有不爱而教之，乐而安之也。至德者，善之极也。圣人无以加焉，故曰顺民，而不曰治民。孝者，民之秉彝，先王使民率性而行之，顺其天理而已矣，故不曰治。

广扬名章第十四

子曰："君子之事亲孝，故忠可移于君；郑玄注：以孝事君则忠。《唐注》。《正义》不云依《郑注》，以下文例知之。欲求忠臣，出孝子之门，故可移于君。《治要》。

玄宗注：以孝事君则忠。

事兄弟，故顺可移于长；郑玄注：以敬事兄则顺，故可移于长也。《治要》。《唐注》有上句。《正义》云："此依《郑注》也。"

玄宗注：以敬事长则顺。

司马光《指解》：长，谓卿士大夫，凡在己上者也。

① 非至德，则不能如此：原本无。陈氏《校证》引敦煌写本有此注，据补。

居家理治，案“治”上今本有“故”字，《正义》云：“先儒以为‘居家理’下阙一‘故’字，御注加之。”是《唐注》以前本无“故”字。故《释文》云：“郑读‘居家理治’绝句。”与上异读。今本《释文》《治要》皆为浅人据唐本妄加“故”字，今删。可移于官。郑玄注：君子所居则化，所在则治，故可移于官也。《治要》。《唐注》同，无第二句。《正义》云：“此依《郑注》也。”《释文》有“治”字，又云：“《注》读‘居家理治’绝句。”案《郑注》“所居则化”解“理”字，“所在则治”解“治”字，《唐注》既增经文“故”字，故用《郑注》而删次句也。

玄宗注：君子所居则化，故可移于官也。

司马光《指解》：《书》云：“孝乎惟孝，友于兄弟，克施有政。”

是以行成于内，而名立于后世矣。”郑玄注：（孝于亲者，可移于君；弟于兄者，可移于长；治于家者，可移于官。三德并备于内，而名立于后世矣。若圣人制法于古，后人奉而行之也。）①

玄宗注：修上三德于内，名自传于后代。

范祖禹《说》：君者，父道也；长者，兄道也；国者，家道也。以事父之心而事君，则忠矣；以事兄之心而事长，则顺矣；以正家之礼而正国，则治矣。君子未有孝于亲而不忠于君，悌于兄而不顺于长，理于家而不治于官者也。故正国之道在治其家，正家之道在修其身，修身之道在顺其亲。此孝所以为德之本也。

附《古文孝经·闺门章》：

子曰：“闺门之内，具礼矣乎！

司马光《指解》：宫中之门，其小者谓之闺。礼者，所以治天下之法也。闺门之内，其治至狭，然而治天下之法，举在是矣。

严父严兄，

司马光《指解》：事君事长之礼也。

妻子臣妾，犹百姓徒役也。”

---

① “孝于亲者”至“后人奉而行之也”：原本作者自辑唐注“修上三德于内，名自传于后世。《唐注》。《正义》云：‘此依《郑注》也。’‘世’原本作‘代’，避讳改也，今改复。”今按陈氏《校证》引敦煌写本有此注，据补。

司马光《指解》：徒役，皂牧。妻子犹百姓，臣妾犹皂牧。御之必以其道，然后上下相安。唐明皇时，议者排毁古文，以《闺门》一章为鄙俗，不可行。《易》曰：“正家而天下定。”《诗》云：“刑于寡妻，至于兄弟，以御于家邦。”与此章所言，何以异哉？

范祖禹《说》：闺门之内，具治天下之礼也。严父，则尊君也；严兄，则敬长也；妻子，犹百姓；臣妾，犹徒役。国以民为本，家以妻子为本。非民无以为国，非妻与子无以为家。待妻子以礼，遇臣妾以道，则犹百姓不可不重，徒役不可不知其劳也。《易》曰：“正家而天下定矣。”《孟子》曰：“天下之本在国，国之本在家，家之本在身。”一家之治犹天下，天下之大犹一家也。善治者，正身而已矣。

谏争章第十五

《释文》本“争”作“诤”，《治要》及各本作“争”。《释文》于“欲见谏诤之端”下云：“诤，斗也。”是其本亦作“争”，今本为后人所改。

曾子曰：“若夫慈爱、

司马光《指解》：谓养致其乐。慈，亦爱也。《内则》曰：“慈以旨甘。”

恭敬、

司马光《指解》：谓居致其恭。

安亲、

司马光《指解》：不近兵刑。

扬名，

司马光《指解》：立身行道。

则闻命矣。

则：古文作“参”。司马光《指解》：四者，包摄上孔子之言。

敢问子从父之令,可谓孝乎?”郑玄注:(曾子专心于孝,以为臣子当委曲君父之令,故问之也。)①

玄宗注:事父有隐无犯,又敬不违,故疑而问之。

司马光《指解》:闻令则从,不恤是非。

子曰:“是何言与?是何言与?“与”,《释文》作“欤”,今从各本。郑玄注:孔子欲见谏争之端。《释文》。(以开曾子心,故发此言也。)②“争”本作“诤”,据《释文》云:“诤,斗也”,则当是“争”字,今据改。

玄宗注:有非而从,成父不义,理所不可,故再言之。

昔者天子有争臣七人,虽无道,不失天下。“不失”下今本有“其”字,惟石台本及《释文》本无,《汉书·霍光传》引此经亦无“其”字,今据删。郑玄注:七人者,谓太师、太保、太傅、左辅、右弼、前疑、后承,维持王者,使不危殆。《治要》“承”作“丞”。《后汉书·刘瑜传》注引作“七人谓三公及左辅、右弼、前疑、后承”。《释文》有“左辅右弼前疑后承使不危殆”十二字。《正义》云:“孔、郑《注》并引《文王世子》以解七人。”(陷于不义,故能长久不失其天下也。)③

司马光《指解》:天下至大,万机至重,故必有能争者及七人,然后能无失也。

诸侯有争臣五人,虽无道,不失其国。大夫有争臣三人,虽无道,不失其家。郑玄注:尊卑辅善,未闻其官。《治要》。

玄宗注:降杀以两,尊卑之差。争,谓谏也。言虽无道,为有争臣,则终不至失天下、亡家国也。

士有争友,则身不离于令名。《释文》标经文无“不”字,卢文弨《考证》以为脱,是也。臧氏引洪氏及顾广圻说,非是。郑玄注:令,善也。士卑无臣,故

---

① “曾子专心于孝”三句:原本阙文:“□令□。《释文》。上下阙。”陈氏《校证》引敦煌写本有此注,据补。

② “以开曾子心”二句:原本阙文:“□。《释文》。下阙。”陈氏《校证》引敦煌写本有此注,据补。

③ “陷于不义”二句:原本无。陈氏《校证》引敦煌写本有此注,据补。

以贤友助己。《治要》。

玄宗注：令，善也。益者三友，言受忠告，故不失其善名。

司马光《指解》：士无臣，故以友争。

父有争子，则身不陷于不义，郑玄注：（臣有谏诤之义，嫌父子至亲，不当谏诤；若父有不义，子当谏之。）①

玄宗注：父失则谏，故免陷于不义。

司马光《指解》：通上下而言之。

故当不义，则子不可以不争于父，臣不可以不争于君。郑玄注：（君父有不义之事，臣子当谏诤之。）②

玄宗注：不争则非忠孝。

故当不义则争之，从父之令，又焉得为孝乎？"郑玄注：委曲从君父之令，善亦从善，恶亦从恶，而心有隐，又焉得为忠臣孝子乎？《治要》、《臣轨·匡谏章》注。《释文》："焉，于虔反。"《注》同。《治要》"焉"作"岂"，今依《臣轨》注。"亦从"《臣轨》作"只为"，非是，今仍《治要》。

范祖禹《说》：父有过，子不可以不争，争所以为孝也。君有过，臣不可以不争，争所以为忠也。子不争，则陷父于不义，至于亡身。臣不争，则陷君于无道，至于失国。故圣人深戒曾子从父之令"是何言与？是何言与？"古者，天子设四辅及三公，卿大夫、士皆有谏职，至于瞽献典、史献书、师箴、瞍赋、蒙诵、百工献艺、庶人传言、近臣尽规、亲戚补察、耆老教诲，所以救过防失之道至矣。然而必有争臣焉。争者，谏之大者也。谏而不入，则犯颜引义以争之，不听则不止。故必有力争者至于七人，则虽无道，犹可以不失天下。诸侯必有五人，乃可以不失其国。大夫必有三人，乃可以不失其家。言争臣之不可无也。忠臣之事圣君也，谏于无形，而止于未

① "君臣有谏诤之义"至"子当谏之"：原本辑自唐注"父失则谏，故免陷于不义。《唐注》。《正义》云：'此依《郑注》也。'"今按，陈氏《校证》引敦煌写本有此注，据改。

② "君父有不义之事"二句：原本无。陈氏《校证》引敦煌写本有此注，据补。

然。事贤君也,谏于已然,而防其未来。事乱君也,救其横流,而拯其将亡。故有以谏杀身者矣。益戒舜曰:“罔游于逸,罔淫于乐。”禹戒舜曰:“无若丹朱傲。”以上智之性,而戒之如此,惟舜欲闻之,此事圣君者也。傅说之训高宗,周公之戒成王,救其微失,防其未来,此事贤君也。商以三仁存,亦以三仁亡,此事乱君者也。人君惟能儆戒于无形,受谏于未然,使忠臣不至于争,则何危乱之有?

感应章第十六

子曰:“昔者明王事父孝,故事天明,郑玄注:尽孝于父,则事天明。《治要》。《释文》有上句。事母孝,故事地察。郑玄注:尽孝于母,能事地,察其高下,视其分理也。《治要》。《释文》有末句。《治要》“理”作“察”,依《释文》改。

玄宗注:王者,父事天,母事地。言能敬事宗庙,①则事天地能明察也。

司马光《指解》:王者,父天母地。事父孝,则知所以事天,故曰明;事母孝,则知所以事地,故曰察。

长幼顺,故上下治。郑玄注:卑事于尊,幼事于长,故上下治。《治要》。《释文》有“长治”二字。

玄宗注:君能尊诸父,先诸兄,则长幼之道顺,君人之化理。

司马光《指解》:长幼者,言乎其家;上下者,言乎其国。能使家之长幼顺,则知所以治国之上下矣。

天地明察,神明章矣。“章”,今本皆作“彰”,今依《释文》。《注》内“彰”字并改。郑玄注:事天能明,事地能察,德合天地,可谓章也。《治要》。

玄宗注:事天地能明察,则神感至诚,而降福祐,故曰彰也。

---

① 言能敬事宗庙:“宗”原本作“家”,今按石台《孝经》碑、天圣本《御注孝经》俱作“宗”。据改。

司马光《指解》：神明者，天地之所为也。王者知所以事天地，则神明之道昭彰可见矣。

故虽天子，必有尊也，言有父也；郑玄注：谓养老也。《礼记·祭义》正义。虽贵为天子，必有所尊事之若父者，三老是也。《治要》无“者”字。《北堂书钞》卷八十三无“之”“是”二字。《礼记·祭义》正义作“父谓君老也”。案《礼记疏》约举郑义，“君”即“三”字之误。必有先也，言有兄也。郑玄注：必有所先，事之若兄，五更是也。《治要》。

玄宗注：父谓诸父，兄谓诸兄。皆祖考之胤也。礼，君燕族人，与父兄齿也。

宗庙致敬，不忘亲也。郑玄注：设宗庙，四时斋戒以祭之，[①]不忘其亲。《治要》。

玄宗注：言能敬祀宗庙，则不敢忘其亲也。

修身慎行，恐辱先也。郑玄注：修身者，不敢毁伤；慎行者，不历危殆，常恐己辱先也。《治要》。

玄宗注：天子虽无上于天下，犹修持其身，谨慎其行，恐辱先祖，而毁盛业也。

司马光《指解》：天子至尊，继世居长，宜若无所施其孝弟然。故举此四者，以明天子之孝弟也。有尊，谓承事天地；有先，谓尊严德齿之人也。

宗庙致敬，鬼神著矣。郑玄注：事生者易，事死者难，圣人慎之，故重其文也。《治要》无“其”字、“也”字。《正义》引旧注无“也”字。《释文》有“事生者易故重其文也”九字。

玄宗注：事宗庙能尽敬，则祖考来格，享于克诚，故曰著矣。

---

① 四时斋戒以祭之：“斋”原本作“齐”，陈氏《校证》引敦煌写本、四部丛刊本、金泽文库本《治要》俱作“斋”。通用。

司马光《指解》：知所以事宗庙，则其余事鬼神之道，皆可知。

孝弟之至，“弟”，各本作“悌”，今改。说在《广要道章》。通于神明，光于四海，各本“于”作“于”，严据石台本、臧据正德本《孝经疏》引经文，均谓宜改作“于”，今从之。说又详《天子章》“形于四海”下。无所不通。郑玄注：孝至于天，则风雨时节。[①] 孝至于地，则万物成。孝至于人，则重译来贡。故无所不通也。《治要》。《释文》有“则重译来贡”五字。

玄宗注：能敬宗庙，顺长幼，以极孝悌之心，则至性通于神明，光于四海，故曰“无所不通”。

司马光《指解》：“通于神明”者，鬼神歆其祀，而致其福。“光于四海”者，兆民归其德，而服其教。鬼神至幽，四海至远，然且不违，况其迩者，乌有不通乎？

《诗》云：‘自西自东，自南自北，无思不服。’”郑玄注：孝道流行，莫敢不服，顺而从之。[②]

玄宗注：义取德教流行，莫不服义从化也。

司马光《指解》：道隆德洽，四方之人，无有思为不服者，言皆服也。

范祖禹《说》：王者事父孝，故能事天；事母孝，故能事地。事天以事父之敬，事地以事母之爱。明者，诚之显也；察者，德之著也。明察，事天地之道尽矣。“长幼顺”者，其家道正也；“上下治”者，其君臣严也。事父母以格天地，正长幼以严朝廷。上达乎天，下达乎地，诚之所至，则“神明彰”矣。天子者，天下之至尊也。承事天地，以教天下，则以有父也。贵老敬长，以率天下，则以有兄也。“宗庙致敬”，非祭祀而已也。“修身慎行”，恐辱及宗庙也。

---

① 则风雨时节：“时节”原本作“时”。陈氏《校证》引敦煌写本作“时节”，与《圣治章》同。据补。

② “孝道流行”至“顺而从之”：原本无“顺而从之”。龚氏曰：“义取孝道流行，莫不被义从化也。《唐注》。《正义》云：‘此依《郑注》也。’《释文》有‘莫不被’三字。《治要》作‘孝道流行，莫敢不服’，盖有删节。‘被’，《唐注》作‘服’，今依《释文》。”今按陈氏《校证》敦煌写本有此注，据改。

鬼神之为德，视之而不见，听之而不闻。“为之宗庙”以存之，则可以著见矣。《书》曰：“祖考来格。”又曰：“黍稷非馨，明德惟馨。”孝至于此，则鬼神享其诚而致其福，四海服其德而顺其行。格于上下。旁烛幽隐，天之所覆，地之所载，日月所照，霜露所坠，无所不通。四方之人岂有不思服者乎？

事君章第十七

子曰：“君子之事上也，郑玄注：上陈谏争之义毕，（未及去就之理，欲见进退之道，故发此言。）[1]“争”原作“诤”，今据《谏争章》改。进思尽忠，郑玄注：死君之难为尽忠。《文选·曹子建三良诗》注。《释文》有“死君之难”四字。

玄宗注：上，谓君也。进见于君，则思尽忠节。

司马光《指解》：尽忠以谏诤。

退思补过，郑玄注：待放三年，服思其过，故去之。[2]

玄宗注：君有过失，则思补益。[3]

司马光《指解》：掩上之过恶。

将顺其美，郑玄注：（善则称君。）[4]

玄宗注：将，行也。君有美善，则顺而行之。

司马光《指解》：将，助也。上有美，则助顺而成之。

---

① “未及去就之理”三句：原本阙文：“欲见□。《释文》。下阙。”今按陈氏《校证》引敦煌写本有此注，据补。“及去”二字为陈铁凡氏引林秀一补。

② “待放三年”三句：龚氏辑唐注“退居私室，则思补其身过。《正义》引旧注。臧云：‘以《圣治章》‘进退可度’注证之，此必《郑注》无疑。’《正义》兼引韦昭者，盖韦与郑同也。”今按陈氏《校证》引敦煌写本有此注，据改。“去”为陈铁凡氏引林秀一补。

③ 则思补益：“益”原本作“过”。石台孝经碑作“益”，据改。

④ 善则称君：原本无。陈氏《校证》引敦煌写本有此注，据补。

匡救其恶，郑玄注：（过则称己也。）①

玄宗注：匡，正也；救，止也。君有过恶，则正而止之。

司马光《指解》：上有恶，则正救之。

故上下能相亲也。郑玄注：君臣同心，故能相亲。《治要》。

玄宗注：下以忠事上，上以义接下，君臣同德，故能相亲。

司马光《指解》：凡人事上，进则面从，退有后言，上有美不能助而成也，有恶不能救而止也。激君以自高，谤君以自洁，谏以为身而不为君也。是以上下相疾，而国家败矣。

《诗》云：'心乎爱矣，遐不谓矣。中心藏之，何日忘之？'"《释文》"中"本亦作"忠"，臧云："《毛诗》古文作'中心臧之'，三家《诗》今文作'忠心藏之'，郑本《孝经》为今文，当作'忠'，引《诗》以证进思尽忠也。此盖后人乙改。"案此说未确，今仍依旧本。郑玄注：（心乎爱君矣，而不谓远矣，念君之无已。忠心常藏善道，何能一日而忘君。己虽在远，心恒左右。）②

玄宗注：遐，远也。义取臣心爱君，虽离左右，不谓为远。爱君之志，恒藏心中，无日暂忘也。

司马光《指解》：遐，远也。言臣心爱君，不以君疏远己，而忘其忠。

范祖禹《说》：入则父，出则君，父子天性，君臣大伦，以事父之心而事君，则忠矣。故孔子言孝必及于忠，言事君必本于事父。忠孝者，其本一也。未有舍孝而谓之忠，违忠而谓之孝。"进思尽忠，退思补过，将顺其美，正救其恶"，此四者，事君之常道也。昔者，禹、益、稷、契之事舜也，进则思所以规谏，退则思所以儆戒。颂君之美，而不为谄；防君之恶，如丹朱傲虐，而不为激。是故君享其安逸，臣预其尊荣。此上下相亲之至也。若夫君有大过则谏，谏而不可则去，此岂所欲哉？盖不得已也。《诗》云："心乎爱矣，遐不谓

① 过则称己也：原本无。陈氏《校证》引敦煌写本有此注，据补。

② "心乎爱君矣"至"心恒左右"：原本无。陈氏《校证》引敦煌写本有此注，据补。其中"己虽在远"之"己""远"为陈铁凡氏据《毛诗郑笺》补。

矣。中心藏之,何日忘之?”夫君子之爱君,虽在远犹不忘也,而况于近,可不尽忠益乎?

丧亲章第十八

子曰:“孝子之丧亲也,郑玄注:(上陈孝道,)[①]生事已毕,死事未见,故发此章。《唐注》。《正义》云:“此依《郑注》也。”《释文》有“死事未见”四字。“章”原误“事”,据疏述注文改。

玄宗注:生事已毕,死事未见,故发此章。

哭不偯,郑玄注:气竭而息,声不委曲。《唐注》。《正义》云:“此依《郑注》也。”

玄宗注:气竭而息,声不委曲。

司马光《指解》:偯,声余从容也。

礼无容,

玄宗注:触地无容。

言不文,郑玄注:父母之丧,不为趋翔,唯而不对也。《北堂书钞》卷九十三。《释文》有末二句。《书钞》脱“趋”字,“翔”误“诩”,“也”上衍“者”字,据《释文》删正。陈禹谟本《书钞》作“触地无容,言不文饰”,盖据《唐注》妄改。

玄宗注:不为文饰。

司马光《指解》:皆内忧,不假外饰。

服美不安,郑玄注:去文绣,衣衰服也。《释文》。

玄宗注:不安美饰,故服衰麻。

闻乐不乐,郑玄注:悲哀在心,故不乐也。《唐注》。《正义》云:“此

① 上陈孝道:原本无。陈氏《校证》引敦煌写本有此注,据补。

依《郑注》也。”

玄宗注：悲哀在心，故不乐也。

食旨不甘，郑玄注：不尝咸酸而食粥。《释文》。

玄宗注：旨，美也。不甘美味，故疏食饮水。

司马光《指解》：甘，美味也。

此哀戚之情也。

玄宗注：谓上六句。

司马光《指解》：此皆民自有之情，非圣人强之。

三日而食，教民无以死伤生，郑玄注：（三日不食，恐伤及生人，故孝子不为也。）①

司马光《指解》：礼，三年之丧，三日不食，过三日则伤生矣。

毁不灭性，郑玄注：毁瘠羸瘦，孝子有之。《文选·谢希逸宋孝武宣贵妃诔》注。《释文》有上句。

司马光《指解》：灭性，谓毁极失志，变其常性也。

此圣人之政也。

玄宗注：不食三日，哀毁过情，灭性而死，皆亏孝道。故圣人制礼施教，不令至于殒灭。

司马光《指解》：政者，正也。以正义裁制其情。

丧不过三年，示民有终也。郑玄注：三年之丧，天下达礼。《唐注》。《正义》云：“此依《郑注》也。”不肖者企而及之，贤者俯而就之，（所以）再期（共得三年）。②

---

① “三日不食”三句：原本无。陈氏《校证》引敦煌写本有此注，据补。

② 所以再期共得三年：原本有阙文，龚氏曰：“再期□，《释文》。下阙。卢校云：当是引《丧服小记》‘再期之丧三年’。”陈氏《校证》引敦煌写本有此注，据补。

玄宗注：三年之丧，天下达礼。使不肖跂及，贤者俯从。夫孝子有终身之忧，圣人以三年为制者，使人知有终竟之限也。

司马光《指解》：孝子有终身之忧，然而遂之，则是无穷也。故圣人为之立中制节，以为子生三年，然后免于父母之怀，故以三年为天下之通丧也。

为之棺椁衣衾而举之，郑玄注：周尸为棺，周棺为椁。《唐注》。《正义》云："此依《郑注》也。"（衣谓身衣，）[①]衾谓单被，可以亢尸而起也。《释文》。臧、严并云："'单'下脱'被'字。"今补。此上尚阙释"衣"之文。

玄宗注：周尸为棺，周棺为椁。衣，谓敛衣；衾，被也。举，谓举尸内于棺也。

司马光《指解》：举者，举以纳诸棺也。

陈其簠簋而哀戚之，郑玄注：簠、簋，祭器，受一斗二升。内圆外方，祭不见亲，故哀戚也。《北堂书钞》卷八十九。《周礼·舍人》疏引作"内圆外方，受斗二升者"。又《旅人》疏引"内圆外方者"。《仪礼·少牢馈食礼》疏引作"外方曰簠"。臧云："《仪礼疏》'曰簋'二字，乃'内圆'之误。"陈本《书钞》末二句作"陈奠素器，而不见亲，故哀戚也"，盖据《唐注》妄改。

玄宗注：簠簋，祭器也。陈奠素器，而不见亲，故哀戚也。

司马光《指解》：谓朝夕奠之。

擗踊哭泣，哀以送之。郑玄注：啼号竭情也。《释文》。

玄宗注：男踊女擗，祖载送之。

司马光《指解》：谓祖载以之墓也。擗，拊心也；踊，跃也。男踊而女擗。

卜其宅兆，而安厝之。"厝"，今本作"措"，依《释文》本。郑注《士丧礼》引经亦作"厝"，《书钞》所据《郑注》本亦作"厝"。郑玄注：宅，葬地。兆，吉兆

---

① 衣谓身衣：原本无。陈氏《校证》引敦煌写本有此注，据补。

也。(得吉地乃葬之,)[①]葬事大,故卜之,慎之至也。《北堂书钞》卷九十二。《唐注》有"葬事"二句,《正义》云:"此依《郑注》也。"《仪礼·士丧礼》疏云:"《孝经注》兆为吉兆。"《周礼·小宗伯》疏云:"《孝经注》兆以龟兆释之。"并约郑义。

玄宗注:宅,墓穴也;兆,茔域也。葬事大,故卜之。

司马光《指解》:宅,冢穴也;兆,墓域也;措,置也。

为之宗庙,以鬼享之。郑玄注:宗,尊也。庙,貌也。言祭宗庙,见先祖之尊貌也。《正义》引旧解。此与《卿大夫章》注大同小异,注不妨同也。(葬事已毕,乃为神室,祭则致其严,故鬼享之也。)[②]

玄宗注:立庙祔祖之后,则以鬼礼享之。

司马光《指解》:送形而往,迎精而返,为之立主,以存其神。三年丧毕,迁祭于庙,始以鬼礼事之。

春秋祭祀,以时思之。郑玄注:四时变易,物有成熟,将欲食之,先荐先祖,念之若生,不忘亲也。《北堂书钞》卷八十八、《太平御览》卷五百二十五。《书钞》多讹脱,以《御览》为正。

玄宗注:寒暑变移,益用增感,以时祭祀,展其孝思也。

司马光《指解》:言春秋,则包四时矣。孝子感时之变而思亲,故皆有祭。

生事爱敬,死事哀戚,生民之本尽矣,郑玄注:(人情毕矣,始终备矣,)[③]无遗纤也。《释文》。有阙文。死生之义备矣,郑玄注:寻绎天经地义,究竟人情也。《释文》。孝子之事亲终矣。"郑玄注:行毕孝成。《释文》。(孝乃成矣,罗列十八章,各陈其情矣。)[④]

玄宗注:爱敬、哀戚,孝行之始终也。备陈死生之义,以尽孝子之情。

---

① 得吉地乃葬之:原本无。陈氏《校证》引敦煌写本有此注,据补。

② "葬事已毕"至"故鬼享之也":原本无。陈氏《校证》引敦煌写本有,而无前《正义》引旧解之内容。据补。

③ "人情毕矣"二句:原本无。陈氏《校证》引敦煌写本有此注,据补。

④ "孝乃成矣"三句:原本无。陈氏《校证》引敦煌写本有此注,据补。

司马光《指解》：夫人之所以能胜物者，以其众也。所以众者，圣人以礼养之也。夫幼者非壮则不长，老者非少则不养，死者非生则不藏。人之情，莫不爱其亲，爱之笃者，莫若父子。故圣人因天之性，顺人之情，而利导之。教父以慈，教子以孝，使幼者得长，老者得养，死者得藏。是以民不夭折弃捐，而咸遂其生，日以繁息，而莫能伤。不然，民无爪牙、羽毛以自卫，其殄灭也，必为物先矣。故孝者，生民之本也。

范祖禹《说》：古者，葬之中野，厚衣之以薪，丧期无数。后世圣人，为之中制。中则欲其可继也，继则欲其可久也。措之天下，而人共守焉。圣人未尝有心于其间，此法之所以不废也。是故苴衰之服，饘粥之食，颜色之戚，哭泣之哀，皆出于人情。不安于彼而安于此，非圣人强之也。三日而食，三年而除，上取象于天，下取法于地，不以死伤生，毁不灭性，此因人情而为之节者也。死者，人之大变也，为之棺椁者，为使人勿恶也。擗踊哭泣，为使人勿背也。措之宅兆，为使人勿亵也。春秋祭祀，为使人勿忘也。情文尽于此矣，所以常久而不废也。夫有生者必有死，有始者必有终。生事之以礼，死葬之以礼，祭之以礼，则可谓孝矣。事死如事生，事亡如事存者，孝之至也。

附　录

附录一：大足石刻本《古文孝经》*

仲尼闲〔居，曾〕子侍〔坐〕。子曰：“参，先王有至德要道，以顺天〔下〕，〔民〕用和睦，上下无怨。女〔知之〕乎？”曾〔子〕避席曰：“参不敏，何足以知之？”子曰：“〔夫〕孝，〔德〕之本，教之所由〔生〕。〔复坐〕，吾语女：身体发肤，受之父母，不敢毁伤，孝之〔始也〕。立身行道，扬名〔于后世〕，以显父母，孝之终也。夫孝，始于事亲，中于事〔君〕，〔终〕于立身。《大雅》云：‘〔无念尔〕祖，聿修厥德。’”（此即今文《开宗明义章》——引者注，下同）

子曰：“爱亲者，不敢恶于人；敬〔亲〕者，不敢慢于人。爱敬〔尽于〕事亲，而德教加于百姓，刑于四海。盖天子之〔孝〕。《甫刑》云：‘一人有庆，〔兆民赖〕之。’”（即《天子章》）

子曰：“在上不骄，高而不危；制节谨度，满〔而〕不溢。高而不危，所以〔长〕守贵；满而不溢，所以长守富。富贵不离其身，然后〔能〕保其社稷，而和其〔民〕人，〔盖〕诸侯之孝。《诗》云：‘战战兢兢，如临深渊，如履薄〔冰〕。’”（即《诸侯章》）

子曰：“非先王之〔法服不敢〕服，非先王之法言不敢道，非先

---

* 本文为范祖禹书。脱蚀处用〔　〕补足，原阙处用（　）补之。

王之德行〔不〕敢行。是故非法〔不言〕，非道〔不〕行。口无择言，身无择行，言满天下无口〔过〕，行满天下〔无〕怨恶。三者备矣，然后能守其宗庙。盖卿大夫之孝也。〔《诗》云〕：'夙夜匪懈，以事一人。'"（即《卿大夫章》）

子曰："资于事父以事母而爱同，资于事父以〔事君〕而敬同。故母取其爱，而君取其敬，兼之者父也。故以孝事君则忠，以敬事长则顺。忠顺不失，以事其上，然后能保其禄位，而守其祭祀。盖士之孝也。《诗》云：'夙兴夜寐，毋忝尔所生。'"（即《士章》）

子曰："因天之道，因地之利，谨身节用，以养父母，此庶人之孝也。故自天子已下至于庶人，孝无终始而患不及者，未之有也。"曾子曰："甚哉！孝之大也。"（即《庶人章》，日传本分"故自天子"以下为《孝平章》）

子曰："夫孝，天之经，地之义，民之行。天地之经，而民是则之，则天之明，因地之义，以顺天下，是以其教不肃而成，其政不严而治。"（即《三才章》）

子曰："先王见教之可以化民也，是故先之以博爱，而民莫遗其亲；陈之以德义，而民兴行；先之以敬△（让），而民不争；导之以礼乐，而民和睦；示之以好恶，而民知禁。《诗》云：'赫赫师尹，民具尔瞻。'"（今文、日传本与上章合一）

子曰："昔者，明〔王〕之以孝治天下也，不敢遗小国之臣，而况于公、侯、伯、子、男乎？故得万国之〔欢〕心，以事其先王；治国者不敢侮于鳏寡，而况于士民乎？故得百姓之〔欢心〕，以事其先君；〔治〕家者不敢失于臣妾，而况于妻子乎？故得人之欢心，以事其亲。夫然故〔生〕则亲安之，祭则鬼享之。是以〔天下〕和平，灾害不生，祸乱不作，故明王之以孝治天下如此。《诗》云：'有觉德〔行〕，四国顺之。'"（即《孝治章》）

曾子曰："敢问圣人之德，其无以加〔于孝乎〕？"子曰："〔天〕地之性，〔人〕为贵；人之行，莫大于孝；孝莫大于严父，严父莫大于配天。则周公其人〔也〕。昔者，周公郊祀后稷以配天，宗祀文王于明堂〔以〕配上帝，是以四海之〔内各〕以其职来助祭。夫圣人之德，又何以加于〔孝乎？故亲生〕之膝下，以养〔父母〕日严，圣人因严以教敬，因亲以教爱。圣人之教不肃而成，其政不严〔而〕治。其所因者本也。"（即《圣治章》）

子曰："父子之道天〔性〕，君臣之义，父母生之，续莫大焉；君亲临之，厚莫重焉。"（即日传本《父母生绩章》）

子曰："不爱其亲而爱他人者谓之悖德，不敬其亲而敬他人者谓之悖礼。以顺则逆，民无则焉。不在于善，皆在于凶德，虽得之，君子所不贵。君子则不然，言斯可道，行斯可乐，德义可遵，作事可法，容止可观，进退可度，以临其民。是以其民畏而爱之，则而象之，故能成其德教而行政令。《诗》云：'淑人君子，其仪不忒。'"（即日传本《孝优劣章》）

子曰："孝子之事亲，居则致其敬，养则致其乐，病则致其忧，△（丧）则致其哀，祭则致其严，五者备矣，然后能事亲。事亲者，居上不骄，为下不乱，在丑不争。居上而骄则亡，为下而乱则刑，在丑而争则兵。此三者不除，虽日用三牲之〔养〕，犹为不孝也。"（即《纪孝行章》）

子曰:“五刑〔之〕属三千,而罪莫大于不孝。要君者无上,非圣人者无法,非孝者无亲,此大乱之道也。”(即《五行章》)

子曰:“教民亲爱,莫善于孝;教民礼顺,莫善于弟;移风易俗,莫善于乐;安上治民,莫善于礼。礼者,敬而已矣。故敬其父则子悦,敬其兄则弟悦,敬其君则臣悦。敬一人而千万人悦,所敬者寡,而悦者众。此之谓要道。”(即《广要道章》)

子曰:“君子之教以孝也,非家至而日见之也。教以孝,所以敬天下之为人父者;教以弟,所以敬天下之为人兄者;教以臣,所以敬天下之为人君者。《诗》云:‘岂弟君子,民之父母。’非至德,其孰能顺民如此其大者乎!”(即《广至德章》)

子曰:“昔者,明王事父孝,故事天明;事母孝,故事地察;长幼顺,故上下治。天地明察,神明彰矣。故虽天子,必有尊也,言有父也;必有先也,言有兄也。宗庙致敬,不忘亲也;修身△(慎)行,恐辱先也。宗庙致敬,鬼神著矣;孝悌之至,通于神明,光于四海,无所不通。《诗》云:‘自西自东,自南自北,无思不服。’”(即《感应章》)

子曰:“君子之事亲孝,故忠可移于君;事兄悌,故顺可移于长;居家理,故治可移于官。是故行成于内,〔而〕名立于后矣。”(即《广扬名章》)

子曰:“闺门之内,具礼矣乎。严父严兄,妻子臣妾,犹百姓〔徒〕役也。”(即《闺门章》)

曾子曰:“若夫慈爱恭敬,安亲扬名,参闻命矣。敢问从父之令,可谓孝乎?”子曰:“是何言与? 是何言与? 昔者天子有争臣七人,虽无道,不失其天下;诸侯有争臣五人,虽无道,不失其国;大夫有争臣三人,虽无道,不失其家;士有争友,则身不离于令名;父有争子,则身不陷于不义。故当不义,则子不可以弗争于父,臣不可以弗争于君。故当不义则争之,从父之令,焉得为孝乎!”(即《谏诤章》)

子曰:“君子事上,进思尽忠,退思补过,将顺其美,△(匡)救其恶,故上下能相亲。《诗》云:‘心乎爱矣,遐不谓矣。中心藏之,何日忘之?’”(即《事君章》)

子曰:孝子之△(丧)亲,哭不偯,礼无容,言不文,服美不安,闻乐不乐,食旨不甘,此哀戚之情。三日而食,教民无以死伤生,毁不灭性,此圣人之政。△(丧)不过三年,示民有终。为之棺椁、衣衾而举之,陈其簠簋而哀戚之,擗踊哭泣,哀以送之,卜其宅兆而安厝之;为之宗庙,〔以〕鬼享之,春秋祭祀,以时思之。生事爱敬,死事哀戚,生民之本尽矣,死生之义备矣,孝子之事亲终矣。(即《丧亲章》)

范祖禹敬书。

附录二：郑氏《女孝经》

进女孝经表

妾闻天地之性，贵刚柔焉；夫妇之道，重礼义焉。仁义礼智信者，是谓五常，五常之教，其来远矣，总而为主，实在孝乎。夫孝者，感鬼神，动天地，精神至贯，无所不达。盖以夫妇之道，人伦之始，考其得失，非细务也。《易》著乾坤，则阴阳之制有别；《礼》标羔雁，则伉俪之事实陈。妾每览先圣垂言，观前贤行事，未尝不抚躬三复，叹息久之，欲缅想余芳，遗踪可躅。

妾侄女特蒙天恩，策为永王妃，以少长闺闱，未闲诗礼，至于经诰，触事面墙，夙夜忧惶，战惧交集。今戒以为妇之道，申以执巾之礼，并述经史正义，无复载乎浮词，总一十八章，各为篇目，名曰《女孝经》。

上至皇后，下及庶人，不行孝而成名者，未之闻也。妾不敢自专，因以曹大家为主，虽不足藏诸岩石，亦可以少补闺庭。辄不揆量，敢兹闻达。轻触屏扆，伏待罪戾。妾郑氏，诚惶诚恐，死罪死罪，谨言。

开宗明义章第一

曹大家闲居，诸女侍坐，大家曰："昔者，圣帝二女有孝道，降于妫汭，卑让恭俭，思尽妇道，贤明多智，免人之难。汝闻之乎？"诸女退位而辞曰："女子愚昧，未尝接大人余论，曷得以闻之？"大家曰："夫学以聚之，问以辩之，多闻阙疑，可以为人之宗矣。汝能听其言，行其事，吾为汝陈之：夫孝者，广天地，厚人伦，动鬼神，感禽兽。恭近于礼，三思后行，无施其劳，不伐其善，和柔贞顺，仁明孝慈，德行有成，可以无咎。《书》云：'孝乎惟孝，友于兄弟。'此之谓也。"

后妃章第二

大家曰："《关雎》《麟趾》，后妃之德，忧在进贤，不淫其色。朝夕思念，至于忧勤。而德教加于百姓，刑于四海，盖后妃之孝也。《诗》云：'鼓钟于宫，声闻于外。'"

夫人章第三

居尊能约，守位无私，审其勤劳，明其视听。《诗》《书》之府，可以习之；《礼》《乐》之道，可以行之。故无贤而名昌，是谓积殃；德小而位大，是谓婴害。岂不诫欤？静专动直，不失其仪，然后能和其子孙，保其宗庙，盖夫人之孝也。《易》曰："闲邪存其诚，德博而化。"

邦君章第四

非礼教之法服不敢服，非《诗》《书》之法言不敢道，非信义之德行不敢行。欲人不闻，勿若勿言；欲人不知，勿若勿为；欲人勿传，勿若勿行。三者备矣，然后能守其祭祀，盖邦君之孝也。《诗》云："于以采蘩，于沼于沚。于以用之，公侯之事。"

庶人章第五

为妇之道，分义之利，先人后己，以事舅姑。纺绩裳衣，社赋蒸献，此庶人妻之孝也。《诗》云："妇无公事，休其蚕织。"

事舅姑章第六

女子之事舅姑也，敬与父同，爱与母同。守之者义也，执之者礼也。鸡初鸣，咸盥漱衣服以朝焉。冬温夏清，昏定晨省，敬以直内，义以方外，礼信立而后行。《诗》云："女子有行，远兄弟父母。"

三才章第七

诸女曰："甚哉，夫之大也。"大家曰："夫者天也，可不务乎。古者，女子出嫁曰归。移天事夫，其义远矣。天之经也，地之义也，人之行也。天地之性，而人是则之。则天之明，因地之利，防闲执礼，可以成家。然后先之以泛爱，君子不忘其孝慈；陈之以德义，君子兴行;先之以敬让,君子不争;导之以礼乐,君子和睦;示之以好恶,君子知禁。《诗》云:‘既明且哲,以保其身。’”

孝治章第八

大家曰:“古者淑女之以孝治九族也,不敢遗卑幼之妾,而况于娣侄乎?故得六亲之欢心,以事其舅姑。治家者不敢侮于鸡犬,而况于小人乎?故得上下之欢心,以事其夫。理闺者,不敢失于左右,而况于君子乎?故得人之欢心,以事其亲。夫然故生则亲安之,祭则鬼享之,是以九族和平,萋菲不生,祸乱不作。故淑女之以孝治上下也如此。《诗》云:‘不愆不忘,率由旧章。’”

贤明章第九

诸女曰:“敢问妇人之德,无以加于智乎?”大家曰:“人肖天地,负阴抱阳,有聪明贤哲之性,习之无不利,而况于用心乎。昔楚庄王晏朝,樊女进曰:‘何罢朝之晚也?得无倦乎?’王曰:‘今与贤者言乐,不觉日之晚也。’樊女曰:‘敢问贤者谁欤?’曰:‘虞丘子。’樊女掩口而笑,王怪问之,对曰:‘虞丘子贤则贤矣,然未忠也。妾幸得充后宫,尚汤沐,执巾栉,备扫除,十有一年矣。妾乃进九女,今贤于妾者二人,与妾同列者七人。妾知妨妾之爱,夺妾之宠,然不敢以私蔽公,欲王多见博闻也。今虞丘子居相十年,所荐者非其子孙,则宗族昆弟,未尝闻进贤而退不肖,可谓贤哉?’王以告之,虞丘子不知所为,乃避舍露寝,使人迎孙叔敖而进之,遂立为相。夫以一言之智,诸侯不敢窥兵,终霸其国,樊女之力也。《诗》云:‘得人者昌,失人者亡。’又曰:‘辞之辑矣,人之洽矣。’”

纪德行章第十

大家曰:“女子之事夫也,缅笄而朝,则有君臣之严;沃盥馈食,则有父子之敬;报反而行,则有兄弟之道;受期必诚,则有朋友之信;言行无玷,则有理家之度。五者备矣,然后能事夫。居上不骄,为下不乱,在丑不争。居上而骄则殆,为下而乱则辱,在丑而争则乖。三者不除,虽和如琴瑟,犹为不妇也。”

五刑章第十一

大家曰:“五刑之属三千,而罪莫大于妒忌。故七出之状,标其首焉。贞顺正直,和柔无妒,理于幽闺,不通于外。目不狥色,耳不留声,耳目之欲,不越其事,盖圣人之教也。汝其行之。《诗》云:‘令仪令色,小心翼翼。古训是式,威仪是力。’”

广要道章第十二

大家曰:“女子之事舅姑也,竭力而尽礼;奉娣姒也,倾心而罄义。抚诸孤以仁,佐君子以智,与娣姒之言信,对宾侣之容敬,临财廉,取与让,不为苟得,动必有方,贞顺勤劳,勉其荒怠,然后慎言语,省嗜欲。出门必掩蔽其面,夜行以烛,无烛则止,送兄弟不逾于阈,此妇人之要道,汝其念之。”

广守信章第十三

立天之道曰阴与阳,立地之道曰柔与刚。阴阳刚柔,天地之始;男女夫妇,人伦之始。故乾坤交泰,谁能间之?妇地夫天,废一不可。然则丈夫百行,妇人一志。男有重婚之义,女无再醮之文。是以芣苡兴歌,蔡人作诫;匪石为叹,卫主知惭。昔楚昭王出游,留姜氏于渐台,江水暴至,王约迎夫人必以符合,使者仓卒遂不,请行,姜氏曰:“妾闻贞女义不犯约,勇士不畏其死。妾知不去必死,然无符,不敢犯约。虽行之必生,无信而生,不如守义而死。”会使者还取符,则水高台没矣。其守信也如此,汝其勉之。《易》曰:“鹤鸣在阴,其子和之。”

广扬名章第十四

大家曰:“女子之事父母也孝,故忠可移于舅姑;事姊妹也义,故顺可移于娣姒;居家理,故理可闻于六亲。是以行成于内,而名立于后世矣。”

谏诤章第十五

诸女曰:“若夫廉贞孝义,事姑敬夫扬名,则闻命矣。敢问妇从夫之令,可谓贤乎?”大家曰:“是何言欤!是何言欤!昔者周宣王晚朝,姜后脱簪珥待罪于永巷,宣王为之夙兴。汉成帝命班婕好同辇,婕好辞曰:‘妾闻三代明王,皆有贤臣在侧,不闻与嬖女同乘。’成帝为之改容。楚庄王耽于游畋,樊女乃不食野味,庄王感焉，为之罢猎。由是观之，天子有诤臣，虽无道，不失其天下；诸侯有诤臣，虽无道，不失其国；大夫有诤臣，虽无道，不失其家；士有诤友，则不离于令名；父有诤子，则不陷于不义；夫有诤妻，则不入于非道。是以卫女矫齐桓公不听淫乐，齐姜遣晋文公而成霸业。故夫非道则谏之。从夫之令，又焉得为贤乎？《诗》云：'猷之未远，是用大谏。'"

胎教章第十六

大家曰："人受五常之理，生而有性习也。感善则善，感恶则恶，虽在胎养，岂无教乎？古者妇人妊子也，寝不侧，坐不边，立不跛。不食邪味，不履左道。割不正不食，席不正不坐。目不视恶色，耳不听靡声，口不出傲言，手不执邪器。夜则诵经书，朝则讲礼乐。其生子也，形容端正，才德过人。其胎教如此。"

母仪章第十七

大家曰："夫为人母者，明其礼也。和之以恩爱，示之以严毅，动而合礼，言必有经。男子六岁，教之数与方名；七岁，男女不同席，不共食；八岁，习之以小学；十岁，从以师焉，出必告，反必面。所游必有常，所习必有业。居不主奥，坐不中席，行不中道，立不中门。不登高，不临深，不苟訾，不苟笑。不有私财，立必正方，耳不倾听。使男女有别，远嫌避疑，不同巾栉。女子七岁教之以四德，其母仪之道如此。皇甫士安叔母有言曰：'孟母三徙以教成人，买肉以教存信。居不卜邻，令汝鲁钝之甚。'《诗》云：'教诲尔子，式谷似之。'"

举恶章第十八

诸女曰："妇道之善，敬闻命矣。小子不敏，愿终身以行之。敢问古者，亦有不令之妇乎？"大家曰：夏之兴也以涂山，其灭也以妹喜；殷之兴也以有莘氏，其灭也以妲己；周之兴也以太任，其灭也以褒姒。此三代之王，皆以妇人失天下，身死国亡，而况于诸侯乎，况于卿大夫乎，况于庶人乎？故申生之亡，祸由骊女；愍怀之废，衅起南风。由是观之，妇人起家者有之，祸于家者亦有之。至于陈御叔之妻夏氏，杀三夫，戮一子，弑一君，走两卿，丧一国，盖恶之极也。夫以一女子之身，破六家之产，吁可畏哉！若行善道，则不及于此矣。

（文渊阁《四库全书》本《说郛》卷七十下）

附录三：马融《忠经》

《忠经》者，盖出于《孝经》也。仲尼说孝者，所以事君之义，则知孝者俟忠而成之，所以答君亲之恩，明臣子之分。忠不可废于国，孝不可弛于家。孝既有经，忠则犹阙，故述仲尼之说，作《忠经》焉。

今皇上含庖轩之姿，韫勋华之德，弼贤俾能，无远不举。忠之与孝，天下攸同。臣融岩野之臣，性则愚朴，沐浴德泽，其可默乎？作为此经，庶少裨补。虽则辞理薄陋，不足以称焉。忠之所存，存于劝善，劝善之大，何以加于忠孝者哉？夫定高卑以章目，引《诗》《书》以明纲。吾师于古，曷敢徒然？其或异同者，亦《易》之宜也。或对之以象其意，或迁之以就其类，或损之以简其文，或益之以备其事。以忠应孝，亦著为十有八章。所以洪其至公，勉其至诚。信（本）为政之大体，陈事君之要道，始于立德，终于成功，此《忠经》之义也。谨序。

天地神明章第一

昔在至理，上下一德，以征天休，忠之道也。天之所覆，地之所载，人之所履，莫大乎忠。忠者，中也，至公无私。天无私，四时行；

地无私，万物生；人无私，大亨贞。忠也者，一其心之谓也。为国之本，何莫由忠？忠能固君臣，安社稷，感天地，动神明，而况于人乎？夫忠，兴于身，著于家，成于国，其行一焉。是故一于其身，忠之始也；一于其家，忠之中也；一于其国，忠之终也。身一则百禄至，家一则六亲和，国一则万人理。《书》云："惟精惟一，允执厥中。"

圣君章第二

圣君以圣德监于万邦，自下至上，各有尊也。故王者上事于天，下事于地，中事于宗庙，以临于人，则人化之。天下尽忠，以奉上也。是以兢兢戒慎，日增其明。禄贤官能，式敷大化，惠泽长久，黎民咸怀，故得皇猷丕丕，行于四方，扬于后代，以保社稷，以光祖考，盖圣君之忠也。《诗》云："昭事上帝，聿怀多福。"

家臣章第三

为臣事君，忠之本也。本立而后化成。家臣于君，可谓一体，下行而上信，故能成其忠。夫忠者，岂惟奉君忘身，狥国忘家，正色直辞，临难死节已矣？在乎沉谋潜运，正国安人，任贤以为理，端委而自化。尊其君，有天地之大，日月之明，阴阳之和，四时之信。圣德洋溢，颂声作焉。《书》云："元首明哉，股肱良哉，庶事康哉！"

百工章第四

有国之建，百工惟才，守位谨常，非忠之道。故君子之事上也，入则献其谋，出则行其政，居则思其道，动则有仪。秉职不回，言事无惮，苟利社稷，则不顾其身，上下用成，故昭君德。盖百工之忠也。《诗》云：“靖共尔位，好是正直。”

守宰章第五

在官惟明，莅事惟平，立身惟清。清则无欲，平则不曲，明能正俗，三者备矣，然后可以理人。君子尽其忠能，以行其政令，而不理者，未之闻也。夫人莫不欲安，君子顺而安之；莫不欲富，君子教而富之。笃之以仁义，以固其心；导之以礼乐，以和其气。宣君德以弘大其化，明国法以至于无刑。视君之人如观乎子，则人爱之如爱其亲，盖守宰之忠也。《诗》云：“岂弟君子，民之父母。”

兆人章第六

天地泰宁，君之德也。君德昭明，则阴阳风雨以和，人赖之而生也。是故祇承君之法度，行孝悌于其家，服勤稼穑，以供王赋，此兆人之忠也。《书》云：“一人元良，万邦以贞。”

政理章第七

夫化之以德，理之上也，则人日迁善而不知。施之以政，理之中也，则人不得不为善。惩之以刑，理之下也，则人畏而不敢为非也。刑则在省而中，政则在简而能，德则在博而久。德者，为理之本也。任政非德则薄，任刑非德则残，故君子务于德，修于政，谨于刑，固其忠以明其信，行之匪懈，何不理之人乎？《诗》云：“敷政优优，百禄是遒。”

武备章第八

王者立武，以威四方、安万人也。淳德布洽，戎夷禀命，统军之帅，仁以怀之，义以厉之，礼以训之，信以行之，赏以劝之，刑以严之。行此六者，谓之有利。故得师尽其心，竭其力，致其命。是以攻之则克，守之则固，武备之道也。《诗》云："赳赳武夫，公侯干城。"

观风章第九

惟臣以天子之命，出于四方以观风，听不可以不聪，视不可以不明，聪则审于事，明则辩于理。理辩则忠，事审则分。君子去其私，正其色，不害理以伤物，不惮势以举任，惟善是与，惟恶是除。以之而陟则有成，以之而出则无怨。夫如是，则天下敬职，万邦以宁。《诗》云："载驰载驱，周爰谘诹。"

保孝行章第十

夫惟孝者，必贵于忠，忠苟不行，所率犹非其道。是以忠不及之而失其守，匪惟危身，辱及亲也。故君子行其孝必先以忠，竭其忠则福禄至矣。故得尽爱敬之心以养其亲，施及于人，此之谓保孝行也。《诗》云："孝子不匮，永锡尔类。"

广为章第十一

明主之为国也，任于正，去于邪，邪则不忠，忠则必正。有正然后用其能,是故师保道德,股肱贤良,内睦以文,外威以武,被服礼乐,堤防政刑。故得大化兴行,蛮夷率服。人臣和悦,邦国平康,此君能任臣,下忠上信之所致也。《诗》云:“济济多士,文王以宁。”

广至理章第十二

古者圣人以天下之耳目为视听,天下之心为心,端旒而自化,居成而不有,斯可谓至理也已矣。王者思于至理,其远乎哉?无为而天下自清,不疑而天下自信,不私而天下自公。贱珍则人去贪,彻侈则人从俭,用实则人不伪,崇让则人不争。故得人心和平,天下淳质,乐其生,保其寿,优游圣德,以为自然之至也。《诗》云:“不识不知,顺帝之则。”

扬圣章第十三

君德圣明,忠臣以荣;君德不足,忠臣以辱。不足则补之,圣明则扬之,古之道也。是以虞有德,咎繇歌之;文王之道,周公颂之;宣王中兴,吉甫咏之。故君子臣于盛明之时必扬之,盛德流满天下,传于后代,其忠也夫!

辩忠章第十四

大哉,忠之为用也!施之于迩,则可以保家邦;施之于远,则可以极天地。故明王为国,必先辩忠。君子之言,忠而不佞;小人之言,佞而似忠。而非闻之者,鲜不惑矣。夫忠而能仁则国德彰,忠而能知则国政举,忠而能勇则国难清。故虽有其能,必由忠而成也。仁而不忠则私其恩,知而不忠则文其诈,勇而不忠则易其乱。是虽有其能,以不忠而败也。此三者,不可不辩也。《书》云“旌别淑忒”,其是谓乎。

忠谏章第十五

忠臣之事君也,莫先于谏。下能言之,上能听之,则王道光矣。谏于未形者,上也;谏于已彰者,次也;谏于既行者,下也。违而不谏,则非忠臣。夫谏始于顺辞,中于抗议,终于死节。以成君休,以宁社稷。《书》云:“木从绳则正,后从谏则圣。”

证应章第十六

惟天监人,善恶必应。善莫大于作忠,恶莫大于不忠。忠则福禄至焉,不忠则刑罚加焉。君子守道,所以长守其休;小人不常,所以自陷其咎。休咎之征也,不亦明哉!《书》云:“作善降之百祥,作不善降之百殃。”

报国章第十七

为人臣者,官于君,先后光庆,皆君之德。不思报国,岂忠也哉?君子有无禄而益君,无有禄而已者也。报国之道有四:一曰贡贤,二曰献猷,三曰立功,四曰兴利。贤者国之干,猷者国之规,功者国之将,利者国之用。是皆报国之道,惟其能而行之。《诗》云:“无言不酬,无德不报。”况忠臣之于国乎。

尽忠章第十八

天下尽忠，淳化行也。君子尽忠则尽其心，小人尽忠则尽其力。尽力者则止其身，尽心者则洪于远，故明王之理也，务在任贤。贤臣尽忠，则君德广矣，政教以之而美，礼乐以之而兴，刑罚以之而清，仁惠以之而布，四海之内有太平音，嘉祥既成，告于上下，是故播于雅颂，传于无穷！

（文渊阁《四库全书》本《说郛》卷七十下）

附录四：王文禄《廉矩》

太初心廉章第一

粤维大道，一元至清，作浑辟宰，莫亏莫增，廉之心也。欲无斯静，乃见真性。天无欲，阴阳平；地无欲，刚柔明；人无欲，仁义精。廉也者，湛性之澄也。浮天凝地，诞育万物，咸受命厥廉。是故宅廉惟圣，达廉惟睿，索廉惟思，思之思之，廉几研乎。逦观厥廉，求上古，观上古；求太初，观太初；求无初，神而灵微之贞。捡朴无欲，故无争。夫无欲者，廉之清也；无争者，廉之直也；无初者，廉之源也。帝舜曰："直哉维清！"孔子曰："人之生也直。"

廉理大统章第二

夫廉也者，约众理而统同之也。譬则五色之白，五味之甘，五声之宫，其实无体，其名无穷。诚廉之确，仁廉之纯，义廉之毅，礼廉之履，乐廉之豫，智廉之知，勇廉之强。遇君见忠，遇亲见孝，遇长见弟，遇幼见慈，朋友见信，夫媍（妇）见别。由貌曰恭，由言曰从，由视曰明，由听曰聪，由情曰和，由性曰中，由心曰思，由思曰睿，由睿曰圣。蹈之为道，得之为德，正之为政，罚之为刑，赉之为赏,焕之为文,奋之为武。《易》曰:“殊涂而同归,百虑而一致。”

廉枢广运章第三

天非廉则气戾,地非廉则形隳,人非廉则衷罔。廉也者,理之枢也,不可睽也;可睽,非廉也。是故诚非廉则厉,仁非廉则懦,义非廉则苛,礼非廉则饰,乐非廉则乖,智非廉则凿,勇非廉则乱,忠非廉则欺,孝非廉则阿,弟非廉则昵,慈非廉则贼,信非廉则绞,别非廉则执,恭非廉则葸,言非廉则诬,明非廉则察,聪非廉则塞,和非廉则流,中非廉则倚,思非廉则惑,睿非廉则窒,道非廉则畔,德非廉则悖,政非廉则驳,刑非廉则滥,赏非廉则僭,文非廉则慝,武非廉则黩。子思曰:“溥博渊泉,而时出之。”此之谓也。

廉君宰世章第四

廉君者,天地人物之宰也。犹天之清,犹地之宁,犹人物之生,本一气之凝承。无天、无地、无物、无我、无人,廉极懋建,而廉化攸兴。是故贵而卑以贱,富而约以贫,安而惕以危,治而忧以乱。合天地人物,我身;平天地人物,我心。天由以清,地由以宁,人物由以生,是谓“允用厥廉”之成。孔子曰:“舜禹之有天下也,而不与焉。”廉君之谓也。

君心廉感章第五

君心,天心也;天心,人心也。爱人以敬天也,敬天以亲人也。贤人,人英而天灵也,用贤以安人而承天也。是故待贤惟诚,择贤惟明，则天心眷而人心顺。天降之，人荐之，原厥君心之廉，诚精而神明，与天心一也，与人心一也，与贤人心一也。汤曰："帝臣不蔽，简在帝心。"

廉臣持世章第六

廉臣者，殚心格君，以体民也。身任社稷焉已矣，进贤为急，分阴是惜，洞察几微，深思抵极，光训对扬，振肃纪纲；知乾坤有毁，观时运靡常，闻大道攸行，罔耽耀荣，专造平康，前补有漏，后贻无量。是故一臣倡之，庶臣效之，生则世赖之，没则世祀之。伊尹曰："为上为德，为下为民。"此廉臣之职也。

廉士守身章第七

凡民俊英，贤而未爵，曰士。士也者，尚志而守身也。是故身贱而志不贱，身贫而志不贫，身屈而志不屈，身辱而志不辱，身困而志不困。志也者，心神而身帅也。充塞天地，天地正气由我而住，始在息夜，气利罔干心，心静而专，克笃维廉，若处女然。《卫风》曰："考槃在涧，硕人之宽。独寐寤言，永矢弗谖。"夫宽也，匹天地有容也；永也，匹天地无疆也。此廉士之操也。

廉民保家章第八

王法即天理，天理在民心。民心肆，则天理凶而王法违，家不可保。是以欲克保厥家，先克谨王法。居焉容膝已矣，毋安也；馔焉适口已矣，毋旨也；服焉蔽体已矣，毋华也；妻焉毓嗣已矣，毋艳也;业焉恒生已矣,毋腴也;器焉利用已矣,毋巧也;交际焉成享已矣,毋丰也。是故陋以矫安,菲以矫旨,质以矫华,淡以矫艳,瘠以矫腴,拙以矫巧,俭以矫丰。是以心广身轻,梦寐攸宁,气宇光霁,类聚和平。《易·象》曰:“节以制度,不伤财,不害民。”此廉民之分也。

育廉端蒙章第九

古《内则》也,有胎教,慎厥身,常聆弦咏,以孚婴孩天真,是故廉之根也。诞弄之璋,幼示毋诳;式歌且舞,以燮天和;长入大学,强乃仕,是故廉之成也。其出也为廉臣,其处也为廉士。孔子曰:“性相近也,习相远也。”又曰:“有教无类。”

廉贪几先章第十

稽昔代兴,若天地开辟而清宁;将凶,若天地浑沌而晦冥。皆由人心,生夫贪故不均,不均故不平,不平故愤,愤则争。肇启圣明,用重典以戡惩,消愤争,致均平,廉风斯行,是谓剥复之贞。噫!廉贪分,则兴凶决矣。《易·系》曰:“几者动之微。”言凶之先见者也。

贪戾败廉章第十一

利匪止金,金惟利囮;贪匪止利,利惟贪的。匪金弗利,匪利弗贪。夫金在土草不生,人聚金多生气削,子孙微,身命促。矧金用物也,流行世间,罔令久藏,鬼神攸司,诚可畏也。是故贪根种心,惟利惟金，蛊惑思虑，消铄精明，如醉如梦，虽生弗生，痴愚世延，骄奢祸程。盖棺空手逝矣，何益之有？倡兹贪戾乎，莫若崇廉去贪！贪则繁，廉则简；简斯逸，繁斯劳。《周官》曰："作德，心逸日休；作伪，心劳日拙。"

考廉成信章第十二

夫心廉则言廉也。清而不淆，劲而不挠。音中商，气凛烁。匪言难，知言难也。今士以言进也，是故黉序以廉储，督学以廉校，科第以廉抡，壹仿汉世，严宾孝廉，廉无遁也。或曰："迂乎！"曰："吉言寡，躁言多，疑言支，叛言惭。"曰"我知言""我善养气"。惟善养气，斯能知言也。《表记》曰："事君，先资其言；拜，自献其身，以成其信。"此之谓也。

试廉精别章第十三

《周官・小宰》"六计弊群吏之治"，而贯以一廉。廉也者，吏之本也。故曰廉善、廉政、廉能、廉敬、廉辨、廉法。甚矣，成周重廉也！今举劾，宜曰某也廉、廉某、某也不廉、不廉某。吏铨，按廉而陟之，陟之者廉陟也；按不廉而黜之，黜之者不廉黜也。则群吏皆好廉、恶不廉。《文王官人》曰"其壮观其廉洁""廉洁而不戾"，此之谓也。

择廉密渐章第十四

邑得廉令焉，欲民不安不可得也；郡得廉守焉，欲令不廉不可得也；省得廉监司焉，欲守不廉不可得也；道得廉御史焉，欲监司守令不廉不可得也。夫亲之以令，镇之以守，监之以监司，纠之以御史，一惟廉焉，民永安也。是故择御史、监司、守、令在吏铨，择吏铨在相，择相在君。《小雅》曰："式讹尔心，以畜万邦。"

嫉廉形贪章第十五

贪者嫉廉者形贪也，诋訾廉者。闻廉言曰迂谈，见廉行曰矫弊，闻廉誉曰盗名，见廉狷曰好异。倡曰："举世惟钱已矣，居家惟富已矣，求进惟赂已矣，谋生惟利已矣。何必廉？"呜呼！后廉而先贪，宜廉者悴，贪者肆也。《曹风》曰："荟兮蔚兮，南山朝隮。婉兮娈兮，季女斯饥。"

偏廉害治章第十六

廉者常也，不廉者变也。今廉者见不廉者众也，负恃厥廉，亢而骄，凌而铄，僭而越，威而虐。深文以织之，重典以入之，酷捶以锻之，反不廉者不若也。夫不廉者惮且戢，多平释之。是故廉者刻，不廉者恕，恕者隆，刻者替。今见廉不廉异报，相率怠于廉。盖天心好生，小廉而大恶，偏之害也。若廉而恕，不察；不廉而禁制，若不廉是与。《鄘风》曰："子之不淑，云如之何？"

拔廉崇化章第十七

久矣，习性弃廉也。匪大奖廉行，则廉乌能兴？夫人心活而神奇，转移惟机，懋建廉极，以作气而惺迷。是故越格以擢之，物色以求之,旌褒以扬之。廉者在位,野无遗廉,廉乃劝,四海永清。《记》曰“风霆流行(形)”,廉化速乎!

乘时尚廉章第十八

上古同廉而无尚也。尚忠,中之也;尚质,实之也;尚文,纹之也。文伪而漓,故孔子尚仁,纯之也;仁煦而懦,故孟子尚义,毅之也。是以恶鄙夫,惩夷狄,绝乡愿,辟杨墨,斥五霸,复廉性也。夫五霸匡功,杨墨缉学,乡原修名,惟鄙夫、夷狄一也,性贪残也。荣夷嗜利而犬戎侵,讧类应也。予志孔孟而尚廉,壹明仁义之教。噫,责予者惟廉乎,知予者惟廉乎!《魏风》曰:“心之忧矣,其谁知之?其谁知之,盖亦费思。”

(《百陵学山》本)

附录五：诸家序跋

郑玄《孝经注》序

《孝经》者，三才之经纬，五行之纲纪。孝为百行之首，经者不易之称。《玉海》卷四十一。

仆避难于南城山，栖迟岩石之下，念昔先人，余暇述夫子之志而注《孝经》。刘肃《大唐新语》卷九。《太平御览》卷四十二“山”上有“之”字。《太平寰宇记》卷二十三。案《后汉书》康成本传，后将军袁隗表为侍中，以父丧不行，事在时年六十何进辟召之后。《申屠蟠传》中平五年，蟠与荀爽、郑玄等十四人并博士征不至。后康成与陶谦等奏记朱隽，结衔称博士。是当时虽未至京，已受诏命，其袁隗之表必后于博士之征。因父丧未受朝命，故结衔不称侍中也。中平六年四月，袁隗自后将军迁太傅，则其表康成在中平五、六年之间。康成遭父丧，亦在此时。后三年为初平二年，黄巾寇青部避难徐州，乃注《孝经》。盖免丧方逾年，故《序》有“念昔先人”之语，意谓改服之余，永言孝思，因以余暇注《孝经》也。自误解此语而异说纷起矣，附辨于此，余详《叙录》。

春秋有吕国而无甫侯。《礼记·缁衣》正义。

唐玄宗《孝经序》

朕闻上古，其风朴略，虽因心之孝已萌，而资敬之礼犹简。及乎仁义既有，亲誉益著。圣人知孝之可以教人也，故因严以教敬，因亲以教爱。于是以顺移忠之道昭矣，立身扬名之义彰矣。子曰："吾志在《春秋》，行在《孝经》。"是知孝者德之本欤！经曰："昔者明王之以孝理天下也，不敢遗小国之臣，而况于公、侯、伯、子、男乎。"朕尝三复斯言，景行先哲。虽无德教加于百姓，庶几广爱刑于四海。嗟乎！夫子没而微言绝，异端起而大义乖。况泯绝于秦，得之者皆煨烬之末，滥觞于汉，传之者皆糟粕之余。故鲁史《春秋》，学开五传；《国风》《雅》《颂》，分为四诗。去圣逾远，源流益别。近观《孝经》旧注，踳驳尤甚。至于迹相祖述，殆且百家；业擅专门，犹将十室。希升堂者必自开户牖，攀逸驾者必骋殊轨辙。是以道隐小成，言隐浮伪。且传以通经为义，义以必当为主，至当归一，精义无二，安得不翦其繁芜，而撮其枢要也？韦昭、王肃，先儒之领袖；虞翻、刘邵，抑又次焉。刘炫明安国之本，陆澄讥康成之注，在理或当，何必求人？今故特举六家之异同，会五经之旨趣。约文敷畅，义则昭然。分注错经，理亦条贯。写之琬琰，庶有补于将来。且夫子谈经，志取垂训。虽五孝之用则别，而百行之源不殊。是以一章之中，凡有数句；一句之内，意有兼明。具载则文繁，略之又义阙。今存于疏，用广发挥。

司马光《古文孝经指解》自序（节选）

……孔子与曾参论孝而门人书之，谓之《孝经》。及传授滋久，章句寖差，孔氏之人畏其流荡失真，故取其先世定本，杂虞、夏、商、周之《书》及《论语》藏诸壁中。……遭秦灭学，天下之书扫地无遗。……先儒皆以为孔氏避秦禁而藏书，臣窃疑其不然，何则？秦科斗之书废绝已久，又始皇三十四年始下焚书之令，距汉兴才七年耳，孔氏子孙，岂容悉无知者，必待共王然后乃出？盖始藏之时，去圣未远，其书最真，与夫他国之人转相传授，历世疏远者，诚不侔矣。且《孝经》与《尚书》俱出壁中，今人皆知《尚书》之真，而疑《孝经》之伪，是何异信脍之可啖而疑炙之不可食也？嗟乎，真伪之明，皦若日月，而历世争论，不能自伸。虽其中异同不多，然要为得正。此学者所当重惜也。前世中《孝经》多者五十余家，少者亦不减十家，今秘阁所藏，止有郑氏、明皇及古文三家而已，其古文有经无传。案，孔安国以古文时无通者，故以隶体写《尚书》而传之。然则《论语》《孝经》，不得独用古文，此盖后世好事者用孔氏传本，更以古文写之。其文则非，其语则是也。……是敢辄以隶写古文，为之《指解》。

（《指解》卷首、《传家集》卷六八）

范祖禹《古文孝经说自序》

《古文孝经》二十二章，与《尚书》《论语》同出于孔氏壁中，历世诸儒疑眩莫能明，故不列于学官。今文十八章，自唐明皇为之注，遂行于世。二书虽大同而小异，然得其真者，古文也。臣今窃以古为据，而申之以训说。虽不足以明先王之道，庶几有万一之补焉。臣谨上①。

① 《范太史集》本文末“臣谨上”前有“元祐三年八月日”。

后　　记

四川大学国际儒学研究院系 2009 年 10 月由国际儒学联合会、中国孔子基金会与四川大学联合成立的学术研究和人才培养机构。研究院成立以来，在从事中国孔子基金会重大项目《儒藏》编纂的同时，也十分重视儒学学科建设问题，2010 年，曾推动国家社科规划办公室，将"儒学学科建设研究"列为重大招标项目。嗣后，舒大刚、彭华、吴龙灿等学人曾就此撰文讨论，逐渐引起学人关注。

2016 年，研究院接受国际儒学联合会委托，从事"中国儒学试用教材"的编撰研究。同年 4 月 15 日，由四川大学舒大刚主持，邀约多位专家学者在贵阳孔学堂举行学术座谈会，围绕"儒学学科建设与体系重构"话题展开讲会。贵州大学教授、中国文化书院荣誉院长张新民，北京大学教授、对外汉语教育学院原院长张英，贵州民族大学文学院教授汪文学，以及贵州省社会科学院（周之翔）、贵州大学（张明）、贵州民族大学（杨锋兵）、贵阳学院（陆永胜）、北京外国语大学（褚丽娟）等单位的学者出席讲会。大家认为，儒学没有体制性的资源保障，也缺乏平台发挥其教化功能；要实现中华传统文化伟大复兴，重建儒学学科至关重要。

本年 6 月 13 日，四川大学复性书院又举办了"中国儒学学科建设暨儒学教材编纂"座谈会，湖南大学岳麓书院教授、国学研究院院长朱汉民，陕西师范大学教授、陕西省中国哲学史学会会长刘学智，山东师范大学教授、《孔子研究》主编王钧林，山东大学教授、儒学高等研究院副院长颜炳罡，台湾元智大学教授、四川大学特聘教授詹海云，以及四川大学国际儒学研究院全体师生和来自成都、重庆等地高校、科研院所的学者共 50 余人参加了座谈会。座谈会审议了舒大刚教授提交的"中国儒学学科建设方案暨儒学教材编纂计划”,达成重建儒学学科、编纂儒学教材的共识,并发布了《设置和建设儒学学科倡议书》。此后,我们还开过多次座谈会,并把儒学学科建设纳入国际儒学联合会在四川大学设立的纳通国际儒学奖的“儒学征文”活动,广泛征集意见建议和教材书稿。

2017 年 9 月 16 日,中国儒学教材编纂座谈会在北京中国国学中心举行。国际儒联副会长赵毅武,国际儒联副理事长、中国国学中心副主任李文亮,教材编纂发起人刘学智、朱汉民、舒大刚,以及教材编纂部分承担者吉林大学教授陈恩林,清华大学教授、国际易学研究会副会长廖名春,北京大学教授、中华孔子学会常务副会长干春松,西北大学教授张茂泽,山东师范大学教授程奇立,四川大学教授、国际儒学研究院副院长杨世文,特邀顾问浙江社科院研究员吴光,中国政法大学教授单纯,四川大学古籍所副所长尹波等参加座谈会。正式形成“中国儒学试用教材”儒学通论(“八通”)、经典研读、专题研究三类体系。确定儒学通论即儒学知识的八种通论,经典研读是儒家经典及“出土文献”读本,专题研究重在展现儒学专题(如政治、军事、经济、哲学等思想)、专人、专书、学术流派(或及地方学术)的发展概貌。

嗣后,分别邀请了干春松(承担《儒学概论》),廖名春(承担《荀子研读》《清华简选读》),李景林(北京师范大学教授、中华孔子学会副会长,承担《孟子研读》),陈恩林[承担《周易研究》(因陈讲授《周易研究》录音整理稿已入《周易文献学》,《周易研读》改由舒大纲完成)、《春秋三传研读》],俞荣根(西南政法大学教授,承担《儒家法哲学》),程奇立(承担《礼记研读》),杨朝明(中国孔子研究院原院长、现山东大学教授,承担《孔子家语研读》),颜炳罡(山东大学教授、中华孔子学会副会长,承担《儒学与现代》),刘学智(承担《关学概论》),张茂泽(承担《儒学思想》),朱汉民(承担《湘学概论》),肖永明(湖南大学岳麓书院教授、院长,承担《论语研读》),蔡方鹿(四川师范大学首席教授、四川省中国哲学史研究会名誉会长,承担《宋明理学专题研究》),舒大刚(承担《周易研读》《孝经研读》《蜀学概论》),杨世文(承担《儒史文献》),郭沂(韩国首尔大学终身教授,承担《孔子集语研读》《子曰辑校研读》),彭华(四川大学教授,承担《出土儒学文献研读》)等先生承担编撰任务,由舒大刚、朱汉民总其成。

收到“儒学通论”“经典研读”和“专题研究”三个系列的书稿后,我们于2019 年在全国总工会“中国职工之家”举行审稿会议,中国社会科学院研究员、国际儒学联合会副会长兼学术委员会主任李存山,中国人民大学教授、国际儒学联合会副会长张践,中国政法大学教授、国际儒学联合会副会长单纯,中国社会科学院研究员、中华孔子学会蜀学研究会副会长陈静,国家教育行政学院教授、国际儒学联合会副会长于建福等提供了修改意见。现经几易其稿,差可满足人们对儒学基本知识、基本经典和基本问题的了解和探研。

2021 年,教育部在尼山世界儒学中心成立"联合研究生院",专门培养"中华优秀传统文化(包括儒学)"硕士、博士,迫切需要教材和读物。职是之故,谨以成书交稿先后,陆续出版,以飨读者。其有未备,识者教焉。

"中国儒学试用教材"编委会

2023 年 5 月 1 日

影印清阮元刻《孝经注疏》

孝經序

朕聞上古其風朴略（疏）朕聞上古至德之本歟○正義曰自此以下至於序末凡有五段明義當段自解其指於此不復繁文今此初段序孝之所起及可以教人而爲德本也○朕者我也古者尊卑皆稱之故帝舜命禹曰朕志先定禹曰朕德罔克皋陶曰朕言惠可底行又屈原亦云朕皇考曰伯庸是由古人質故君臣共稱至秦始皇二十六年始定爲天子之稱聞者目之不覩耳之所傳曰聞上古者經典所說不同案禮運鄭玄注云中古未有釜甑則謂神農爲中古若易歷三古則伏羲爲上古文王爲中古孔子爲下古若三王對五帝則五帝亦爲上古故士冠記云大古冠布下云三王共皮弁則大古五帝時也大古亦上古也以其文各有所對故上古中古不同也此云上古者亦謂五帝以上也知者以下云及乎仁義既有以禮運及老子言之仁義之盛在三王之世則此上古自然當五帝以上也云其風朴略者風教也朴質也略疏略也言上古之君貴尚道德其於教化則質朴疏略也雖因心之孝已萌而資敬之禮猶簡（疏）正義曰因猶親也資猶取

也言上古之人有自然親愛父母之心如此之孝雖已萌兆而取其恭敬之禮節猶尚簡少也周禮大司徒教六行云孝友睦姻任恤注云因親於外親是因得爲親也詩大雅皇矣云惟此王季因心則友士章云資於事父以事君而敬同此其所出之文也故引以爲序耳**及乎仁義既有親譽益著**（疏）正義曰及乎者語之發端連上逮下之辭也仁者兼愛之名義者裁非之謂仁義既有謂三王時也案曲禮云太上貴德鄭注云大古帝皇之世又禮運云大道之行也鄭注云大道謂五帝時老子德經云失道而後德失德而後仁失仁而後義是道德當三皇五帝時則仁義當三王之時可知也慈愛之心曰親聲美之稱曰譽謂三王之世天下爲家各親其親各子其子親譽之道日益著見故曰親譽益著也**聖人知孝之可以教人也**（疏）正義曰聖人謂以孝治天下之明王也孝爲百行之本至道之極故經文云聖人之德又何以加於孝乎**故因嚴以教敬因親以教愛**（疏）正義曰引下經文以證義也**於是以順移忠之道昭矣立身揚名之義彰矣**

【疏】正義曰經云君子之事親孝故忠可移於君又曰立身行道揚名於後世言人事兄能悌以之事長則爲順事親能孝移之事君則爲忠然後立身揚名傳於後世也昭彰皆明也

子曰吾志在春秋行在孝經

【疏】正義曰此鈎命決文也言褒貶諸侯善惡志在於春秋人倫尊卑之行在於孝經也

是知孝者德之本歟

【疏】正義曰論語云孝弟也者其爲仁之本歟今言孝者德之本歟歟者歎美之辭舉其大者而言故但云孝德則行之揔名故變仁言德也

經曰昔者明王之以孝理天下也不敢遺小國之臣而況於公侯伯子男乎

【疏】經曰至形於四海○正義曰此第二段序已仰慕先世明王欲以博愛廣敬之道被四海也○經曰至男乎○此孝治章文也故言經曰言小國之臣尚不敢遺棄何況於五等列爵之君乎公侯伯子男五等之爵也白虎通曰公者通也公正無私之意也春秋傳曰王者之後稱公侯者候也候順逆也伯者長也爲一國之長也子者字也常行字愛於人也男者任也常任王事也王制云公侯地方百里伯七十里

子男五十里至於周公時增地益廣加賜諸侯之地公五百里侯四百里伯三百里子二百里男一百里公爲上等侯伯爲中等子男爲下等言小國之臣謂子男之臣也 朕嘗三復斯言景行先哲【疏】正義曰復猶覆也斯此也景明也哲智也言每讀經至此科三度反覆重讀庶幾法則此有明行者先世聖智之明王也論語云南容三復白圭詩云高山仰止景行行止是其類也 雖無德教加於百姓【疏】正義曰上遜辭也 庶幾廣愛形于四海【疏】正義曰此上意思行教也庶幾猶幸望既謙言無德教加於百姓唯幸望以廣敬博愛之道著見於四夷也案經作刑刑法也今此作形則形猶見也義得兩通無繫改字四海即四夷也又經別釋 嗟乎夫子沒而微言絕異端起而大義乖【疏】嗟乎至樞要也○正義曰此第二段歎夫子沒後遭世陵遲典籍散亡傳注踳駁所以撮其樞要而自作注也嗟乎上歎辭也夫子孔子也以嘗爲魯大夫故云夫子案史記云孔子生魯國昌平陬邑魯襄公二十二年生年七十三以魯哀公十六年四月己丑卒葬魯城北泗上而微言絕

者藝文志文李奇曰隱微不顯之言也顏師古曰精微要妙之言耳言夫子沒後妙言咸絶七十子既喪而異端並起大義悉乖

況泯絶於秦得之者皆煨燼之末

【疏】正義曰泯滅也秦者隴西谷名也在雍州鳥鼠山之東北昔皋陶之子伯翳佐禹治水有功舜命作虞賜姓曰嬴其左孫非子為周孝王養馬於汧渭之間封為附庸邑于秦谷及非子之曾孫秦仲周宣王又命為大夫仲之孫襄公討西戎救周周室東遷以岐豐之地賜之始列為諸侯春秋時稱秦伯至孝公子惠文君立是為惠王及莊襄王為秦質子於趙見呂不韋姬說而取之生始皇拔秦昭王四十八年正月生於邯鄲及生名為政姓趙氏年十三莊襄王死政代立為秦王至二十六年平定天下號曰始皇帝三十四年置酒咸陽宫博士齊人淳于越進曰臣聞殷周之王千餘歲封子弟功臣自為枝輔今陛下有海內而子弟為匹夫卒有田常六卿之臣無輔拂何以輔政哉丞相李斯曰五帝不相復三代不相襲非其相反時變異也今陛下創大業建萬世之功固非愚儒之所知臣請史官非秦記皆燒之非博士官所職天下敢有藏詩書百家語者悉詣守尉雜燒之制曰可三十五年以為諸生誹謗乃自除犯禁者四百六十餘人皆阬之咸陽是經

籍之道滅絕於秦。說文云：「煨，盆火也。燼，火餘也。」言遺秦焚阬之後，典籍滅亡，雖僅有存者，皆火餘之微末耳。若伏勝尚書、顏貞孝經之類是也。

濫觴於漢，傳之者皆糟粕之餘。〔疏〕正義曰：案家語孔子謂子路曰：「夫江始於岷山，其源可以濫觴，及其至江津也，不舫舟，不避風雨，不可以涉。」王肅曰：「觴所以盛酒者，言其微也。」又文選郭景純江賦曰：「惟岷山之導江，初發源乎濫觴。」臣翰注云：「濫謂汎濫，小流貌。觴，酒醆也。謂發源小如一醆。」漢者，巴蜀之間地名也。二世元年，諸侯叛秦，沛人共立劉季以爲沛公。二年八月入秦，秦相趙高殺二世，立二世兄子子嬰。冬十月爲漢元年。子嬰二年春正月，項羽尊楚懷王爲義帝，羽自立爲西楚霸王，更立沛公爲漢王，王巴蜀漢中四十一縣，都南鄭。五年破項羽，斬之。六年二月，即皇帝位于汜水之陽，遂取漢爲天下號，若商周然也。漢與，改秦之政，大收篇籍，言從始皇焚燒之後，至漢氏尊學，初除挾書之律，有河間人顏貞出其父芝所藏，凡一十八章，以相傳授，言其至少，故云濫觴於漢也。其後復盛，則如洋矣。釋名云：「酒滓曰糟，浮米曰粕。」既以濫觴況其少，因取糟粕比其微。言醇粹既喪，但餘此糟粕耳。

故魯史春秋學開五傳。〔疏〕正義曰：故者，因上起下之

語夫子約魯史春秋學開五傳者謂名專巳學以相教授分經作傳凡有五家開則分也五傳者案漢書藝文志云左氏傳三十卷左丘明魯大史也公羊傳十一卷公羊子齊人名高受經於子夏穀梁傳十一卷名赤魯人糜信云與秦孝公同時十録云名俶字元始風俗通云子夏門人鄒氏傳十一卷漢書云王吉善鄒氏春秋夾氏傳十一卷有録無書其鄒夾二義鄒氏無師夾氏未有書故不顯于世葢王莽時亡失耳

國風雅頌分爲四詩

【疏】正義曰詩有國風小雅大雅周頌魯頌商頌故曰國風雅頌四詩者毛詩韓詩齊詩魯詩也毛詩自夫子授卜商傳至大毛公名亨大毛公授毛萇趙人爲河間獻王博士先有子夏詩傳一卷萇各置其篇端存其作者至後漢大司農鄭玄爲之箋是曰毛詩韓詩者漢文帝時博士燕人韓嬰所傳武帝時與董仲舒論於上前仲舒不能難至晉無人傳習是曰韓詩齊詩者漢景帝時博士清河太傅轅固生所傳號齊詩傳夏侯始昌昌授后蒼輩門人尤盛後漢陳元方亦傳之至西晉亡是曰齊詩魯詩者漢武帝時魯人申公所述以經爲訓詁教之無傳疑者則闕號爲魯詩

去聖逾遠源流益別

【疏】正義曰逾越也百川之本曰源水行曰流增多曰益言秦漢而下士

去孔子聖越遠孝經本是一源諸家増益別爲衆流謂其文不同也近觀孝經舊注踳駁尤甚〔疏〕正義曰孝經今文稱鄭玄注古文稱孔安國注先儒詳之皆非眞實而學者互相宗尚踳駁也駁錯也尤過也今言觀此二注踳錯過甚故言踳駁尤甚也至於跡相祖述殆且百家〔疏〕正義曰至於者語更端之辭也跡蹤跡也祖始也因而明之曰述言學者蹤跡相尋以在前者爲始後人從而述脩之若仲尼祖述堯舜之爲也殆近也言近且百家見其多也案其人今文則有魏王肅蘇林何晏劉邵吳韋昭謝萬徐整晉袁宏虞槃佑東晉楊泓殷仲文車胤孫氏庾氏荀昶孔光何承天釋慧琳齊王玄載明僧紹及漢之長孫氏江翁翼奉后蒼張禹鄭衆鄭玄所說各擅爲一家也其梁皇侃撰義疏三卷梁武帝作講疏賀瑒嚴植之劉貞簡明山賓咸有說隋有鉅鹿魏眞克者亦爲之訓注其古文出自孔氏壁本是孔安國作傳會巫蠱事其本亡失至隋王邵所得以送劉炫炫敘其得喪述其義疏議之劉綽亦作疏與鄭義俱行又馬融亦作古文孝經傳而世不傳此皆祖述名家者也業擅專門猶將十室〔疏〕正義曰上言百家者大略皆祖述而

已其於傳守比業輒門命氏者尚自將近十室室則家也爾雅釋宮云宮謂之室室謂之宮其內謂之家但與上百家變文耳故言十室其十室之名序不指摘不可強言蓋后蒼張禹鄭玄王肅之徒也**希升堂者必自開戶牖**（疏）正義曰希望也論語云子曰由也升堂矣未入於室夫子言仲由升我堂矣未入於室耳今祖述孝經之人望升夫子之堂者既不得其門而入必自擅開門戶牖窺矣言其妄為穿鑿也**攀逸駕者必騁殊軌轍**（疏）正義曰攀引也逸駕謂奔逸之車駕也案莊子顏淵問於仲尼曰夫子步亦步夫子趨亦趨夫子馳亦馳夫子奔逸絕塵而回瞠若乎後耳言夫子之道神速不可及也今祖述孝經之人欲仰慕攀引夫子奔逸之駕者既不得直道而行必馳騁於殊異之軌轍矣言不知道之無從也兩轍之間曰軌車輪所轢曰轍**是以道隱小成言隱浮偽**（疏）正義曰道者聖人之大道也隱蔽也小成謂小道而有成德者也言者夫子之至言也浮偽謂浮華詭辯也言此穿鑿馳騁之徒唯行小道華辯致使大道至言皆為隱蔽其實則不可隱故莊子內篇齊物論云道惡乎隱而有真偽言惡乎隱而有是非道惡

乎往而不存言惡乎存而不可道隱於小成言隱於榮華此文與彼同唯榮華作僞耳大意不異也

且傳以通經爲義義以必當爲主（疏）正義曰且者語辭傳者注解之別名博釋經意傳示後人則謂之傳注者著也約文敷暢使經義著明則謂之注作得自題不爲義例或曰前漢以前名傳後漢以來名注蓋亦不然何則馬融亦謂之傳知或說非也此言傳注解釋則以通暢經指爲義義之裁斷則以必然常理爲主也

至當歸一精義無二（疏）正義曰至極之當必歸於一精妙之義焉有二三將言諸家不同宜會合之也

安得不翦其繁蕪而撮其樞要也（疏）正義曰安何也諸家之說既互有得失何得不翦截繁多蕪穢而撮取其樞機要道也

韋昭王肅先儒之領袖虞翻劉邵抑又次焉（疏）正義曰自此至有補將來爲第四段序作注之意舉六家異同會五經旨趣敷暢經義望益將來也吳志曰韋曜字弘嗣吳郡雲陽人本名昭避晉文帝諱改名曜事吳至中書僕射侍中領左國史封高陵亭侯魏志曰王肅字子雍王朗之子

仕魏歷散騎黄門侍郎散騎常侍兼太常吳志虞翻字仲翔會稽餘姚人漢末舉茂才曹公辟不就仕吳以儒學聞爲老子論語國語訓注傳於世魏志劉劭字孔才廣平邯鄲人仕魏歷散騎常侍賜爵關内侯著人物志百篇此指言韋王所學在先儒之中如衣之有領袖也虞劉二家亞次之抑語辭也**劉炫明安國之本陸澄譏康成之注**〔疏〕正義曰隋書云劉炫字光伯河間景城人炫左畫方右畫圓口誦目數耳聽五事並舉無所遺失仕後周直門下省竟不得官縣司責其賦役炫自陳於内史乞送吏部吏部尚書韋世康問其所能炫自爲狀曰周禮禮記毛詩尚書公羊左傳孝經論語孔鄭王何服杜等注凡三十家雖義有精麤並堪講授周易儀禮穀梁用功頗少子史文集嘉言美事咸誦於心天文律歷窮覈微妙公私文翰未嘗暇手吏部竟不詳試除殿内將軍仕隋歷太學博士罷歸河間賊中餓死謚宣德先生初炫既得王劭所送古文孔安國注本遂著古文稽疑以明之蕭子顯齊書曰陸澄字彦淵吳郡吳人也少學博覽無不知起家仕宋至齊歷國子祭酒光祿大夫初澄以晉荀昶所學爲非鄭玄所注請文藏秘書王儉違其議**在理或當何必求人**〔疏〕正義曰言

但在詮釋之理允當不必識非其人也求猶責也 今故特舉六家之異同，會五經之旨趣（疏）正義曰：六家即韋昭、王肅、虞翻、劉邵、劉炫、陸澄也。言舉此六家而又會合諸經之旨趣耳。約文敷暢，義則昭然（疏）正義曰：約，省也。敷，布也。暢，通也。言作注之體，直約省其文，不假繁多，能徧布通暢經義，使之昭明也。然，辭也。分注錯經，理亦條貫（疏）正義曰：謂分其注解，間錯經文也。經注雖然分錯，其理亦不相亂，而有條有貫也。書云"若網在綱，有條而不紊"，論語"子曰：參乎！吾道一以貫之"，是條之理也。寫之琬琰，庶有補於將來（疏）正義曰：案考工記玉人職云："琬圭九寸而繅，以象德。"注云："琬猶圜也。王使之瑞節也。諸侯有德，王命賜之，使者執琬圭以致命焉。繅，藉也。"又云："琰圭九寸，判規，以除慝，以易行。"注云："凡圭琰上寸半，琰圭琰半以上，又半為瑑飾。諸侯有為不義，使者征之，執以為瑞節也。除慝，誅惡逆也。易行，止繁奇。"今言以此所注孝經寫之琬圭、琰圭之上，若簡策之為，庶幾有所裨補於將來學者。或曰謂刊石也，而言寫之琬琰者，取其美名耳。且夫子談經，志取

垂訓（疏）正義曰：自此至序末爲第五段，言夫子之經言約意深，注繁文不能具載，仍作疏義以廣其旨也。且夫子所談之經，其志但取垂訓後代而已。雖五孝之用則别，而百行之源不殊，（疏）正義曰：五孝者，天子、諸侯、卿大夫、士、庶人五等所行之孝也。言此五孝之用雖尊卑不同，而孝爲百行之源則其致一也。是以一章之中凡有數句，一句之内意有兼明。（疏）正義曰：積句以成章，章者明也，揔義包體，所以明情者也。句必聯字而言，句者局也，聯字分疆，所以局言者也。言夫子所脩之經，志在殷勤垂訓，所以一章之中凡有數句，一句之内意有兼明者也。若移忠、移順、愽愛、廣敬之類皆是。具載則文繁，略之又義闕。（疏）正義曰：言作注之體，意在約文敷暢，復恐太略則大義或闕。今存於疏，用廣發揮。（疏）正義曰：此言必順作疏之義也。發謂發越，揮謂揮散。若其注文未備者，則具存於疏，用此義疏以廣大發越揮散夫子之經旨也。

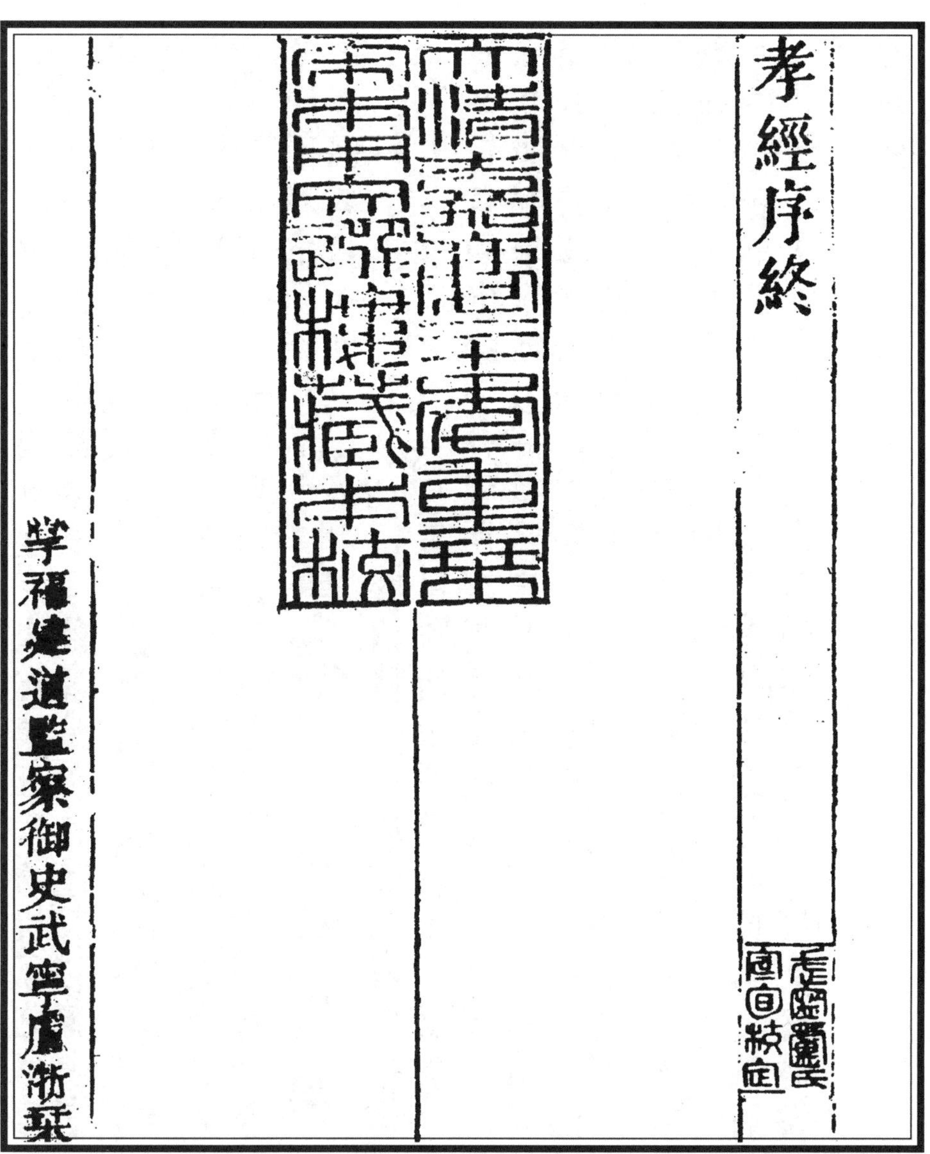

孝經序終

大清嘉慶二十年重刊

宋本用文選樓藏本校

[illegible][illegible]盧氏宣旬校定

学福建道監察御史武寧盧浙栞

孝經注疏卷第一

開宗明義章第一

【疏】正義曰：開，張也；宗，本也；明，顯也；義，理也。言此章開張一經之宗本，顯明五孝之義理，故曰開宗明義章也。第，次也；一，數之始也。以此章揔標諸章，以次結之，故爲第一，冠諸章之首焉。案孝經遭秦坑焚之後，爲河間顔芝所藏。初除挾書之律，芝子貞始出之。長孫氏及江翁、后倉、翼奉、張禹等所說，皆十八章。及魯恭王壞孔子宅，得古文二十二章，孔安國作傳。劉向校經籍，比量二本，除其煩惑，以十八章爲定，而不列名。又有荀昶集其錄及諸家疏，並無章名。而援神契自天子至庶人五章，唯皇侃標其目而冠於章首。今鄭注見章名，豈先有改除，近人追遠而爲之也？御注依古今集詳議，儒官連狀題其章名，重加商量，遂依所請。章者，明也，謂分析科段，使理章明。說文曰：樂歌竟爲一章。章字從音從十，謂從一至十，十，數之終。諸書言章者，蓋因風雅，凡有科段，皆謂之章焉。言天子、庶人雖列貴賤，而立身行道無限高卑，故次首章先陳天子，等差其貴賤，以至庶人。次及三才、孝治、聖治三章，並敘德教之所由生也。紀孝行章敘孝子事親爲先，與五刑相

因即夫孝始於事親也廣要道章廣揚名章即先王有至德要道揚名於後世也揚名之上因諫爭之臣從諫之君必有應感三章相次不離於揚名事君章即忠於事君也喪親章繼於諸章之末言孝子事親之道紀也皇侃以開宗及紀孝行喪親等三章通於貴賤今案諫爭章大夫已上皆有爭臣而士有爭友父有爭子亦該貴賤則通於貴賤者有四焉

仲尼居仲尼孔子字居謂閒居**曾子侍**曾子孔子弟子侍謂侍坐〔疏〕仲尼居曾子侍

正義曰夫子以六經設教隨事表名雖道由孝生而孝綱未舉將欲開明其道垂之來裔以曾參之孝先有重名乃假因閒居爲之陳說自標已字稱仲尼居呼參爲子稱曾子侍建此兩句以起師資問荅之體似若別有承受而記錄之○注仲尼至閒居○正義曰云仲尼孔子字者案家語云孔子父叔梁紇娶顏氏之女徵在徵在既往廟見以夫年長懼不時有男而私禱尼丘山以祈焉孔子故名丘字仲尼夫伯仲者長幼之次也仲尼有兄字伯故曰仲其名則案桓六年左傳申繻曰名有五其三曰以類命爲象杜注云若孔子首象尼丘蓋以孔子生而汙頂象尼丘山故名丘字仲尼而劉瓛述張禹之義以爲仲者中也尼者和也言孔子有中和之德故曰仲尼殷仲文又云夫子深敬孝道故稱表德之字及梁武

帝文以上爲要以尼爲和今並不取仲尼之先殷之後也案史記殷本紀曰帝嚳之子契爲堯司徒有功堯封之於商賜姓子氏契後卅孫湯滅夏而爲天子至湯裔孫有位無道周武王殺之封其庶兄微子啓於宋案家語又孔子世家皆云孔子其先宋人也宋閔公有子弗父何長而當立讓其弟厲公何生宋父周周生世子勝勝生正考父正考父受命爲宋卿生孔父嘉嘉别爲公族故其後以孔爲氏或以爲用乙配子或以滴溜穿石其言不經今不取也孔父嘉生木金父木金父生臯夷父臯夷父生防叔避華氏之禍而奔魯防叔生伯夏伯夏生叔梁紇紇生孔子也云居謂閒居者古文孝經云仲尼閒居蓋爲乘閒居而坐與論語云居吾語汝義同而與下章居則致其敬不同○注曾子至侍坐○正義曰云曾子孔子弟子者案史記仲尼弟子傳稱曾參南武城人字子輿少孔子四十六歲孔子以爲能通孝道故授之業作孝經死於魯故知是仲尼弟子也云侍謂侍坐者言侍孔子而坐也案古文云曾子侍坐故知侍謂侍坐也卑者在尊側曰侍故經謂之侍凡侍有坐有立此曾子侍即侍坐也曲禮有侍坐於先生侍坐於所尊侍坐於君子據此而言明侍坐於夫子也

子曰先王有至德要道以順天下民用和

睦上下無怨孝者德之至道之要也言先代聖德之主能順天下人心行此至要之化則上下臣人和睦無怨汝知之乎曾子避席曰參不敏何足以知之參曾子名也禮師有問避席起荅敏達也言參不達何足知此至要之義子曰夫孝德之本也人之行莫大於孝故爲德本教之所由生也言教從孝而生復坐吾語汝曾參起對故使復坐

〔疏〕子曰至語汝○正義曰子者孔子自謂案公羊傳云子者男子通稱也古者謂師爲子故夫子以子自稱曰者辭也言先代聖帝明王皆行至美之德要約之道以順天下人心而教化之天下之人被服其教用此之故並自相和睦上下尊卑無相怨者參汝能知之乎又假言參聞夫子之說乃避所居之席起而對曰參性不聰敏何足以知先王至德要道之言義既敍曾子不知夫子又爲釋之曰夫孝德行之根本也釋先王有至德要道謂至德要道元出於孝孝爲之本也云教之所生也者此釋以順天下民用和睦上下無怨謂上教由孝而生也孝道深廣非立可終故使復坐吾語汝也○注孝者至無怨○正義曰云孝者德之至道之要也者依

王肅義德以孝而至道以孝而要是道德不離於孝殷仲文曰窮理之至以一管衆爲要劉炫曰性未達何足知然性未達何足知至要之義者謂自云性不達何足知此先王至德要道之義也○注人之至德本○正義曰此依鄭注引其聖治章文也言孝行最大故爲德之本也德則至德也○注言教從孝而生○正義曰此依韋注也案禮記祭義稱曾子云衆之本教曰孝尚書敬敷五教解者謂教父以義教母以慈教兄以友教弟以恭教子以孝舉此則其餘順人之教皆可知也○注曾參至復坐

正義曰此義已見於上

身體髮膚受之父母不敢毀傷孝之始也父母全而生之已當全而歸之故不敢毀傷立身行道揚名於後世以顯父母孝之終也言能立身行此孝道自然名揚後世光顯其親故行孝以不毀爲先揚名爲後

〔疏〕身體至終也○正義曰身謂躬也體謂四支也髮謂毛髮膚謂皮膚禮運曰四體既正膚革充盈詩曰鬒髮如雲此則身體髮膚之謂也言爲人子者常須戒慎戰戰兢兢恐致毀傷此行孝之始也又言孝行非唯不毀而已須成立其身使善名揚於後代以先榮其父母此孝行之終也若行孝道不

至揚名榮親則未得爲立身也○注父母至毀傷○正義曰云父母全而生之已當全而歸之者此依鄭注引祭義樂正子春之言也言子之初生受全體於父母故當常自念慮至死全而歸之若曾子啓手啓足之類是也云故不敢毀傷者毀謂虧辱傷謂損傷故夫子云不虧其體不辱其身可謂全矣及鄭注周禮禁殺戮云見血爲傷是也○注言能至其後正義曰云能言立身行此孝道者謂人將立其身先須行此孝道也其行孝道之事則下文始於事親中於事君是也云自然名揚後世光榮其親者皇侃云若生能行孝沒而揚名則身有德譽乃能光榮其父母也因引祭義曰孝也者國人稱願然曰幸哉有子如此又引哀公問稱孔子對曰君子也者人之成名也百姓歸之名謂之君子之子是使其親爲君子也此則揚名榮親也云故行孝以不毀爲先者至其身爲孝子之始也云揚名爲後者謂後行孝道爲孝之終也夫不敢毀傷闔棺乃止立身行道弱冠須明經雖言其始終此略示有先後非謂不敢毀傷唯在於始立身獨在於終也明不敢毀傷立身行道從始至末兩行無怠

夫孝始於事親

此於次有先後非於事理有終始也

中於事君終於立身

言行孝以事親爲始事君爲中忠孝道著乃能揚名榮親故曰

終於立身也〔疏〕夫孝至立身。正義曰夫爲人子者先能全身而後能行其道也夫行道者謂先能事親而後能立其身前言立身末示其跡其跡始者在於内事其親也中者在於出事其主忠孝皆備揚名榮親是終於立身。注言行至身也。正義曰云言行孝以事親爲始事君爲中者此釋始於事親中於事君也云忠孝道著乃能揚名榮親故曰終於立身也者此釋終於立身也然能事親事君理兼上庶則終於立身此通貴賤焉鄭玄以爲父母生之是事親爲始四十強而仕是事君爲中七十致仕是立身爲終也者劉炫駮云若以始爲在家終爲致仕則兆庶皆能有始人君所以無終若以年七十者始爲孝終不致仕者皆爲不立則中壽之輩盡曰不終顏子之流亦無所立矣

大雅云無念爾祖聿脩厥德詩大雅也無念念也聿述也厥其也義取恒念先祖述脩其德〔疏〕大雅至厥德。正義曰夫子敘述立身行道揚名之義既畢乃引大雅文王之詩以結之言凡爲人子孫者常念爾之先祖常述脩其功德也。注詩大至其德。正義曰云無念念也聿述也此並毛傳文厥其也釋言文云義取常念先祖述脩其德者此依孔傳也謂述脩先祖之德而行之此經有十一章引詩及書劉炫云夫子敘經申述先王

之道詩書之詩事有當其義者則引而證之示言不虛發也七章不引者或事義相違或文勢自足則不引也五經唯傳引詩而禮則雜引詩書及易並意及則引若汎指則云詩曰詩云若指四始之名即云國風大雅小雅魯頌商頌若指篇名即言勺曰武曰皆隨所便而引之無定例也鄭注云雅者正也方始發章以正爲始亦無取焉

天子章第二

〔疏〕正義曰前開宗明義章雖通貴賤其跡未著故此已下至於庶人凡有五章謂之五孝各說行孝奉親之事而立教焉天子至尊故標居其首案禮記表記云惟天子受命於天故曰天子白虎通云王者父天母地亦曰天子虞夏以上未有此名殷周以來始謂王者爲天子也

子曰愛親者不敢惡於人博愛也敬親者不敢慢於人廣敬也愛敬盡於事親而德教加於百姓刑于四海刑法也君行博愛廣敬之道使人皆不慢惡其親則德教加被天下當爲四夷之所

法則也

蓋天子之孝也　蓋猶略也孝道廣大此略言之

【疏】子曰至孝也○正義曰此陳天子之孝也所謂愛親者是天子身行愛敬也不敢惡於人不敢慢於人者是天子施化使天下之人皆行愛敬不敢慢惡於其親也親謂其父母也言天子豈唯因心內恕克己復禮自行愛敬而已亦當設教施令使天下之人不慢惡於其父母如此則至德要道之教加被天下亦當使四海蠻夷慕化而法則之此蓋是天子之行孝也孝經援神契云天子孝曰就言德被天下澤及萬物始終成就榮其祖考也五等之孝惟於天子章稱子曰者皇侃云上陳天子極尊下列庶人極卑尊卑既異恐嫌爲孝之理有別故以一子曰通冠五章明尊卑貴賤有殊而奉親之道無二○注博愛也○正義曰此依魏注也博大也言君愛親又施德教於人使人皆愛其親不敢有惡其父母者是博愛也○注廣敬也○正義曰此依魏注也廣亦大也言君敬親又施德教於人使人皆敬其親不敢有慢其父母者是廣敬也孔傳以人爲天下衆人言君愛敬己親則能推己及物謂有天下者愛敬天下之人有一國者愛敬一國之人也不惡者爲君常思安人爲其興利除害則上下無怨是爲至德也不慢者則曲禮曰毋不敬書曰爲人上者奈何不敬君能不慢於人脩己以安百姓則千

萬人悅是爲要道也上施德教人用和睦則分崩離析無由而生也案禮記祭義稱有虞氏貴德而尚齒夏后氏貴爵而尚齒殷人貴富而尚齒周人貴親而尚齒虞夏殷周天下之盛王也未有遺年者年之貴乎天下久矣次乎事親也斯亦不敢慢於人也所以於天子章明愛敬者王肅韋昭云天子居四海之上爲教訓之主爲教易行故寄易行者宜之然愛之與敬解者衆多沈宏云親至結心爲愛崇恪表迹爲敬劉炫云愛惡俱在於心敬慢並見於貌愛者隱惜而結於內敬者嚴肅而形於外皇侃云愛敬各有心迹烝烝至惜是爲愛心溫凊搔摩是爲愛迹肅肅悚慄是爲敬心拜伏擎跪是爲敬迹舊說云愛生於真敬起自嚴孝是真性故先愛後敬也舊問曰天子以愛敬爲孝及庶人以躬耕爲孝五者並相通否梁王荅云天子既極愛敬必須五等行之然後乃成庶人雖在躬耕豈不愛敬及不驕不溢已下事邪以此言之五等之孝互相通也然諸侯言保社稷大夫言守宗廟士言保其祿位而守其祭祀以則言之天子當云保其天下庶人當言保其田農此略之不言何也左傳曰天子守在四夷故愛敬盡於事親之下而言德教加於百姓刑于四海保守之理已定不煩更言保也庶人用天之道分地之利謹身節用保守田農不離於此既無守任不假言保守也○注刑法至則也

正義曰：刑，法也，釋詁文。云「君行博愛廣敬之道，使人皆不慢惡其親」者，是天子愛敬盡於事親，又施德教，使天下之人皆不敢慢惡其親也。云「則德教加被於天下」者，釋「刑於四海」也。百姓謂天下之人皆有族姓，言百，舉其多也。尚書云「平章百姓」，則謂百姓爲百官，爲下有「黎民」之文，所以百姓非兆庶也。此經「德教加於百姓」，則謂天下百姓，爲與「刑于四海」相對，四海既是四夷，則此百姓自然是天下兆庶也。經典通謂四夷爲四海，案周禮、記、爾雅皆言東夷、西戎、南蠻、北狄謂之四夷，或云四海，故注以四夷釋四海也。孫炎曰：「海者，晦暗無知也。」○注「蓋猶」至「略言之」。○正義曰：此依魏注也。案孔傳云：「蓋者，辜較之辭。」劉炫云：「辜較，猶梗槩也。孝道既廣，此纔舉其大略也。」劉瓛云：「蓋者，不終盡之辭，明孝道之廣大，此略言之也。」皇侃云：「略陳如此，未能究竟。」是也。鄭注云：「蓋者，謙辭。」據此而言，蓋非謙也。劉炫駁云：「若以制作須謙，則庶人亦當謙矣；苟以名位須謙，夫子曾爲大夫，於士何謙，而亦云蓋也？」斯則卿士以上之言蓋者，並非謙辭可知也。

甫刑云：「一人有慶，兆民賴之。」甫刑即尚書呂刑也。一人，天子也。慶，善也。十億曰兆。義取天子行孝，兆人皆賴其善。

【疏】「甫刑」至「賴之」。○正義曰：夫子述天子之行孝既此，乃引尚書甫刑篇之言以結成其義。慶，善也。

言天子一人有善則天下兆庶皆倚賴之也善則愛敬是也一人有慶結愛敬盡於事親已上也兆民賴之結而德教加於百姓已下也○注甫刑至其善○正義曰云甫刑即尚書呂刑也者尚書有呂刑而無甫刑也案禮記緇衣篇孔子兩引甫刑辭與呂刑無別則孔子之代以甫刑命篇明矣今尚書爲呂刑者孔安國云後爲甫侯故稱甫刑知者以詩大雅嵩高之篇宣王之詩云生甫及申揚之水爲平王之詩不與我戍甫明子孫改封爲甫侯不知因呂國改作甫名不知別封餘國而爲甫號然子孫封甫穆王時未有甫名而稱爲甫刑者後人以子孫之國號名之也猶若叔虞初封於唐子孫封晉而史記稱晉世家也劉炫以爲遭秦焚書各信其學後人不能改正而兩存之也者非也諸章皆引詩此章獨引書者以孔子之言布在方策言必皆引詩書證事示不馮虛說義當詩意則引詩義當易意則引易此章與書意義相契故引爲證也鄭注以書錄王事故證天子之章以爲引類得象然引大雅證大夫引曹風證聖治豈引類得象乎此不取也云一人天子也者依孔傳也舊說天子自稱則言予一人予我也言我雖身處上位猶是人中之一耳與人不異是謙也若臣人稱之則惟言一人言四海之內惟一人乃爲尊稱也天子者帝王之爵猶公侯伯子男五等之稱云慶善也書傳

通也云十億曰兆者古數爲然云義取天子行孝兆人皆賴其善者釋一人有慶兆民賴之也姓言百民稱兆皆舉其多也

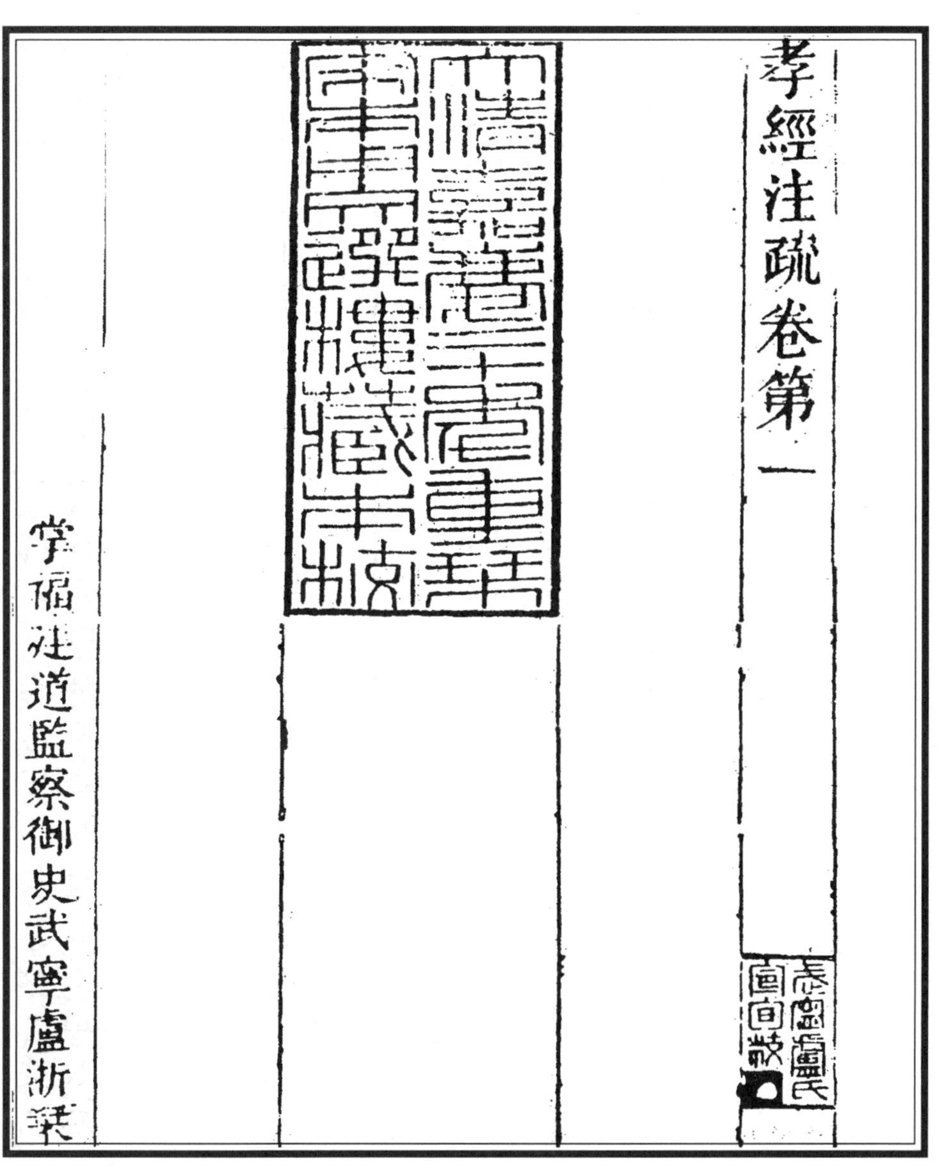

孝經注疏卷第一

掌福建道監察御史武寧盧浙撰

影印《古文孝经孔传》（《知不足斋丛书》本）

孝經

漢　魯人　孔安國　傳

日本信陽　太宰純　音

開宗明誼章第一經一百二十五字

仲尼閒居曾子侍坐仲尼者孔子字也凡名有五品有信有誼有象有假有類以名生爲信以德名爲誼以類名爲象取物爲假取父爲類仲尼首上污似尼丘山故名曰丘而字仲尼孔子者男子之通稱也仲尼之兄伯尼尼閒居者靜而思道也曾子者男子之通稱也名參參其父曾點亦孔子弟子也侍坐承事左右問道訓也○閒音閑坐才臥反污烏華反參所金反子曰參先王有至德要道以訓天下子孔子也師一而已故不稱姓先王先聖王也至德孝德也孝生於敬敬者寡而說者衆

故謂之要道也訓教也道道者扶持萬物使各終其性命者也施於人則變化其行而之正理故道在身則言自順而行自正事君自忠事父自孝與人自信應物自治一人用之不聞有餘天下行之不聞不足小取焉小得福大取焉大得福天下行之而天下服是以總而言之一謂之要道别而名之則謂之孝弟仁誼禮忠信也。參所金反下同說音悅行下孟反下而行同治直吏反别彼列反弟大計反

民用和睦上下亡怨女知之乎言先王行要道奉理則遠者和附近者睦親也所謂率己以化人也廢此二誼則萬姓不協父子相怨其數然也問曾子女寧知先王之以孝道化民之若此也。亡音無女音汝下同

曾子辟席曰參不敏何足以知之乎敏疾也曾子下席而跪稱名荅曰參性遲鈍見誼不疾何足辱以知先王要道乎蓋謙辭也凡弟子請業及師之問皆作而離席也。辟音避離力智反

子曰夫孝德之本也教之所繇生也孝道者乃立德之本基也教化所從

生也德者得也天地之道得則日月星辰不失其敘寒燠雷雨不失其節人主之化得則羣臣同其誼百官守其職萬姓說其惠來世歌其治父母之恩得則子孫和順長幼相承親戚歡娛婣族敦睦道之美莫精於德也○夫音扶繇音由燠於六反說音悅治直吏反長丁丈反娛音虞

復坐吾語女將開大道欲其審聽故令還復本坐而後語之夫辟席荅對弟子執恭告令復坐師之恩恕也○坐才卧反傳同語魚據反傳同令力呈反下同夫音扶辟音避

身體髮膚受之父母不敢毀傷孝之始也本其所由也人生稟父母之血氣情性相通分形異體能自保全而無刑傷則其所以爲孝之始者也是以君子之道謙約自持居上不驕處下不亂推敵能讓在衆不爭故遠於咎悔而無凶禍之災焉也○處昌呂反推吐雷反遠于萬反

立身行道揚名於後世以顯父母孝之終也立身者立身於孝也束脩進德志邁清風遊于六藝之場蹈于無過之地乾乾日競夙夜匪解行其

孝道聲譽宣聞父母尊顯於當時子孫光榮於無窮此則孝之終竟也○解佳賣反聞如字又音問

夫孝始於事親中於事君終於立身言孝行之非一也以事親言之其爲孝也非徒不毀傷父母之遺體而已故畧於上而詳於此互相備矣禮男初生則使人執桑弧蓬矢射天地四方示其有事是故自生至于三十則以事父母接兄弟和親戚睦宗族敬長老信朋友爲始也四十以往所謂中也仕服官政行其典誼奉法無貳事君之道也七十老致仕縣其所仕之車置諸廟永使子孫鑒而則爲立身之終其要然也○夫音扶行下孟反射食亦反長丁丈反縣音玄

大雅云亡念爾祖聿脩其德大雅者美文王之德也無念念也聿述也言當念其先祖而述脩其德也斷章取誼上下相成所以終始孝道不以敢解倦者以爲人子孫懼不克昌前烈貽累其先祖故也○亡音無斷音短解佳賣反累劣僞反

天子章第二 經五十三字

子曰愛親者不敢惡於人謂內愛己親而外不惡於人也夫兼愛無遺是謂君心上以順教則萬民同風旦暮利之則從事勝任也。惡烏路反夫音扶勝音升敬親者不敢慢於人謂內敬其親而外不慢於人所以爲至德也其至德以和天下而長幼之節肅焉尊卑之序辨焉是故不遺老忘親則九族無怨爵授有德則大臣興誼祿與有勞則士死其制任官以能則民上功刑當其罪則治無詭帥士以民之所載則上下和舉治先民之所急則衆不亂常行斯道也故國有紀綱而民知所以終始之也。長丁丈反上與尚同帥所律反舉治直吏反愛敬盡於事親然後德教加於百姓刑於四海刑法也百姓被其德四海法其教故身者正德之本也治者耳目之詔也立身而民化德正而官辨安危在本治亂在身故孝者至德要道也有其人則通無其人則塞也。治亂直吏反塞先北反蓋天子之孝也蓋者稱辜較之辭也又陳其大綱則綱目必舉天子之孝道不

出此域也○較古岳反

呂刑云一人有慶兆民賴之呂刑尚書篇名也呂者國名四嶽之後也爲諸侯相穆王訓夏之贖刑以告四方一人謂天子也慶善也十億爲兆言天子有善德兆民賴其福也夫明王設位法象天地是以天子稟命於天而布德於諸侯諸侯受命而宣於卿大夫卿大夫承教而告於百姓故諸侯有善讓功天子卿大夫有善推美諸侯士庶人有善歸之卿大夫子弟有善移之父兄由于上之德化也○相息亮反夏戶雅反贖神蜀反夫音扶推吐雷反

諸侯章第三經七十六字

子曰居上不驕高而不危高者必以下爲基故居上位不驕莫不好利而惡害其能與百姓同利者則萬民持之是以雖處高猶不危也○好呼報反惡烏路反處昌呂反

制節謹度滿而不溢有制有節謹其法度是守足之道也其知守其足則雖滿而不盈溢矣

高而不

危所以長守貴也滿而不溢所以長守富也皆自然也先王疾驕天道虧盈不驕不溢用能長守富貴也是故自高者必有下之自多者必有損之故古之聖賢不上其高以求下人不溢其滿以謙受人所以自終也。下人遐嫁反富貴不離其身然後能保其社稷而和其民人蓋諸侯之孝也有其德斯其爵矣有其爵斯其社稷矣居身於德處尊於爵據有社稷行其政令則人民和輯四境以寧諸侯之孝道其法如此也。離力智反處昌呂反輯音集詩云戰戰兢兢如臨深淵如履薄冰詩小雅小旻之章自危懼之詩也行孝亦然故取喻焉臨深淵恐墜履薄冰恐陷言常不敢自康也夫能自危者則能安其位者也憂其亡者則能保其存者也懼其亂者則能有其治者也故君子安而不忘危存而不忘亡治而不忘亂是以身安而國家可保也。兢居陵反治直吏反下同

卿大夫章第四 經九十四字

子曰：非先王之法服不敢服，服者身之表也尊卑貴賤各有等差故賤服服貴服謂之僭上僭上爲不忠貴服賤服謂之偪下偪下爲失位是以君子動不違法舉不越制所以成其德也○差初佳反又初宜反偪彼力反非先王之法言不敢道，法言謂孝弟忠信仁誼禮典也此八者不易之言也非此則不說也故能參德於天地公平無私賢不肖莫不用是先王之所以合于道也○弟大計反非先王之德行不敢行。脩德於身行之於人擬而後言議而後動擬議以其志勤以行其典誼中能應外施必先當是以上安而下化之也○德行下孟反當丁浪反是故非法不言，非道不行，必合典法然後乃言必合道誼然後乃行也無定之士明王不禮無度之言明王不許也尤所宜慎故申覆之法服有制是以不重也○覆芳伏反重直用反口亡擇言，身亡擇

行言所可言行所可行故言行皆善無可棄擇者焉若行夫偷得利而後有害偷得樂而後有憂則先王所不言所不行也。亡音無下皆同行下孟反傳言行同夫音扶樂音洛

言滿天下亡口過行滿天下亡怨惡

聖人詳慎與世超絕發言必顧其累將行必慮其難故出言而天下說之所行而天下樂之言不逆民行不悖事則人恐其不復言恐其不復行若言之不可復者其事不信也行之不可再者其行暴賊也言而不信則民不附行而暴賊則天下怨民不附天下怨此皆滅亡所從生也。行下孟反傳行不行之其行皆同惡烏路反累劣僞反難乃旦反說音悅樂音洛悖補對反復扶又反下同

三者備矣然後能保其祿位而守其宗廟蓋卿大夫之孝也

三者謂服應法言有則行合道也立身之本在此三者三者無闕則可以安其位食其祿祭祀祖考護守宗廟宗者尊也廟者貌也父母既沒宅兆其靈於之祭祀謂之尊貌此卿大夫之所以爲孝也。行下孟反

詩云

夙夜匪解以事一人詩大雅烝民美仲山甫之章也仲山甫爲周宣王之卿大夫以事天子得其道故取成誼焉言其柔嘉維則令儀令色小心翼翼古訓是式威儀是力既明且哲以保其身皆與此誼同也。

解佳賣反

士章第五經八十六字

子曰資於事父以事母其愛同資取也取事父之道以事母其愛同也資於事父以事君其敬同言愛父與母同敬君與父同也故母取其愛而君取其敬兼之者父也母至親而不尊君至尊而不親唯父兼尊親之誼焉夫至親者則敬不至至尊者則愛不至人常情也是故爲人父者不明父子之誼以教其子則子不知爲子之道以事其父爲人君者不明君臣之誼以正其臣則臣不知爲臣之理以事其主君臣以誼固上下以序和衆庶以愛輯

則主有令而民行之上有禁而民不犯也。○夫音扶輯音集

故以孝事君則忠孝者子婦之高行也忠者臣下之高行也父母教而得理則子婦孝子婦孝則親之所安也能盡孝以順親則當於親當於親則美名彰人君寬而不虐則臣下忠臣下忠則君之所用也能盡忠以事上則當於君當於君則爵祿至是故執人臣之節以事親其孝可知也操事親之道以事君其忠必矣。○行下孟反下同操七刀反

以弟事長則順弟者善事兄之謂也順生於弟故觀其所以事兄則知其所以事長也。○弟大計反傳同長丁丈反傳同

忠順不失以事其上然後能保其爵祿而守其祭祀蓋士之孝也上謂君長也此撮凡舉要申解爲士之道所以能保其爵祿而守其祭祀者則以其不失忠順於君長故也。○長丁丈反下同

詩云夙興夜寐亡忝爾所生詩小雅小宛之章也言日月流邁歲不我與當夙起夜寐進德修業以無忝辱其父母也能揚名顯父母保位

守祭祀非以孝弟莫由至焉也○亡音無宛於阮反弟大計反

庶人章第六 經二十四字

子曰因天之時就地之利 天時謂春生夏長秋收冬藏也地利謂原隰水陸各有所宜也庶人之業稼穡為務審因四時就於地宜除田擊槁深耕疾耰時雨既至播殖百穀挾其槍刈脩其壟畝脫衣就功暴其髮膚旦暮從事霑體塗足少而習焉其心休焉是故其父兄之教不肅而成其子弟之學不勞而能也○長丁丈反槁古老反耰於求反槍七羊反刈魚廢反暴步木反少詩照反 **謹身節用以養父母此庶人之孝也** 謹身者不敢犯非也節用者約而不奢也不為非則無患不為奢則用足身無患悔而財用給足以恭事其親此庶人之所以為孝也○養羊尚反

孝平章第七 經二十五字

子曰故自天子以下至於庶人故者故上陳孝五章之誼也孝亡終始而患不及者未之有也躬行孝道尊卑一揆人子之道所以爲常也必有終始然後乃善其不能終始者必及患禍矣故爲君而惠爲父而慈爲臣而忠爲子而順此四者人之大節也大節在身雖有小過不爲不孝爲君而虐爲父而暴爲臣而不忠爲子而不順此四者人之大失也大失在身雖有小善不得爲孝上章既品其爲孝之道此又總說其無終始之咎以勉人爲高行也○行下孟反

三才章第八經一百二十九字

曾子曰甚哉孝之大也曾子聞孝爲德本而化所由生自天子達庶人焉行者遇福不用者蒙患然後乃知孝之爲甚大也子曰夫孝天之經也地之誼也民之行也經常也誼宜也行所由也亦皆謂常也夫天有常節地有常宜人有常行一設而不變此謂三常也

孝其本也兼而統之則人君之道也分而殊之則人臣之事也君失其道無以有其國臣失其道無以有其位故上之畜下不妄下之事上不虛孝之致也○夫音扶傳同行下孟反傳同畜許六反天地之經而民是則之是是此誼也則法也治安百姓人君之則也訓護家事父母之則也諫爭死節臣下之則也盡力善養子婦之則也人君不易其則故百姓說焉爲父母不易其則故家事脩焉臣下不易其則故主無僁焉爲子婦不易其則故親養具焉斯皆法天地之常道也是故用則者安不用則者危也○爭音諍養羊尚反下同說音悅僁與僁同起虔反則天之明因地之利以訓天下夫覆而無外者天也其德無不在焉載而無棄者地也其物莫不殖焉是以聖人法之以覆載萬民萬民得職而莫不樂用故天地不爲一物枉其時日月不爲一物晦其明明王不爲一人枉其法法天合德象地無缺取日月之無私則兆民賴其福也○夫音扶覆扶又反下同樂五教反爲于僞反下同是以其教不肅而

成其政不嚴而治以其脩則且有因也登山而呼音達五十里因高之響也造父執御千里不疲因馬之勢也聖人因天地以設法循民心以立化故不加威肅而教自成不加嚴刑而政自治也○治直吏反傳同呼火故反造七報反父音甫先王見教之可以化民也識見教化終始之歸故設之焉是故先之以博愛而民莫遺其親博愛汎愛衆也先垂博愛之教以示親親也故民化之而無有遺忘其親者也陳之以德誼而民興行陳布也布德誼以化天下故民起而行德誼也先之以敬讓而民不爭上爲敬則下不慢上好讓則下不爭上之化下猶風之靡草故每輙以已率先之也○好呼報反率所律反道之以禮樂而民和睦禮以強教之樂以說安之君有父母之恩民有子弟之敬於是乎道之斯行綏之斯來動之斯和感之斯睦也○道音導傳同強其丈反說音悅綏音雖示之以好惡而民知禁

好謂賞也惡謂罰也賞罰明而不可欺法禁行而不可犯分職察而不可亂人君所以令行而禁止也令行禁止者必先令於民之所好而禁於民之所惡然後詳其鈇鉞慎其祿賞焉有不聽而可以得存者是號令不足以使下也有犯禁而可以得免者是鈇鉞不足以威衆也有無功而可以得富者是祿賞不足以勸民也號令不足以使下鈇鉞不足以威衆祿賞不足以勸民則人君無以自守之也○好呼報反傳同惡烏路反傳同分扶問反鈇方于反鉞音越

詩云赫赫師尹民具爾瞻詩小雅節南山之章也赫赫顯盛也師大師尹氏周之三公也具皆也爾女也言居顯盛之位衆民皆瞻仰之所行不可以違天地之經也善惡則民從故有位者慎焉○赫火百反節音截大音泰女音汝

孝治章第九 經一百四十四字

子曰昔者明王之以孝治天下也所謂明者照臨羣下必得其情也故下得

道上賤得道貴卑者不待尊寵而亢大臣不因左右而進百官脩道各奉其職有罰者主亢其罪有賞者主知其功亢知不悖賞罰不差有不蔽道故曰明所謂孝者至德要道也治亦訓也若乃治官不忠非孝也不愛萬物非孝也接下不惠非孝也事上不敬非孝也。亢苦浪反下同治音利一音類

不敢遺小國之臣而況於公侯伯子男乎小國之臣臣之卑者也公侯伯子男凡五等皆國君之尊爵也卑猶不敢遺忘尊者見敬可知也

故得萬國之歡心以事其先王萬國者舉盈數也明王崇愛敬以接下則下竭歡心而應之是故損上益下民說無疆自上下下其道大光事之者謂四時享祀駿奔走在廟也。說音悅疆居良反下下上遐嫁反

治國者不敢侮於鰥寡而況於士民乎鰥寡之人人之尤疲弱者猶且不侮慢之況於士民乎

故得百姓之歡心以事其先君說天子言先王道諸侯言先君皆明其祖考也凡民愛之

則親利之則至是以明君之政設利以致之明愛以親之若徒利而不愛則衆不親徒愛而不利則衆不至愛利俱行衆乃說也。乃說音悅治家者不敢失於臣妾之心而況於妻子乎卿大夫稱家臣之與妾賤人也妻之與子貴者也接賤不失禮則其敬貴必矣故得人之歡心以事其親人謂采邑之人也愛利不失得其歡心所以供事其親不言先者大夫以賢舉包父祖之見在也。采七代反見賢遍反夫然故生則親安之祭則鬼享之夫然猶言如是生盡孝養故親安之祭致齊敬故鬼饗之謂其祖考也。夫音扶傳同養羊尚反齊側皆反是以天下和平災害不生禍亂不作上下行孝愛敬交通天下和平人和神說故妖孽不生禍亂不起也。說音悅孽魚列反故明王之以孝治天下也如此如此福應也行善則休徵報之行惡則咎徵隨之皆行之致也此有諸侯及卿大夫之事而主於明王者

下之能孝化於上也。皆行下孟反詩云有覺德行四國順之詩大雅抑之章也覺直也言先王行正直之德則四方之衆國皆順從法則之也。行下孟反

聖治章第十經一百四十一字

曾子曰敢問聖人之德亡以加於孝乎曾子聞明王以孝道化天下如上章之詳故知聖人建德無以尚於孝矣。亡音無子曰天地之性人爲貴人之行莫大於孝性生也言凡生天地之間含氣之類人最其貴者也正君臣上下之誼篤父子兄弟夫妻之道辨男女內外疏數之節章明福慶示以廉恥所以爲貴也孝者德之本教之所由生也故人之行莫大於孝焉。行下孟反傳同數色角反孝莫大於嚴父嚴父莫大於配天則周公其人也嚴尊也言爲孝之道無大於尊嚴其父以配祭天帝者周公親行此莫大之誼

故曰則其人也昔者周公郊祀后稷以配天凡禘郊祖宗皆祭祀之别名也天子祭天周公攝政制之祀典也於祭天之時后稷佑坐而配食之也○禘大計反宗祀文王於明堂以配上帝上言郊祀此言宗祀取名雖殊其誼一也明堂禮誼之堂卽周公相成王所以朝諸侯者也上帝亦天也文王於明堂后稷於圜丘也○相息亮反朝直遥反圜音員是以四海之内各以其職來助祭夫聖人之德又何以加於孝乎人主以孝道化民則民一心而奉其上萬姓之事固非用威烈以忠愛也周公秉人君之權操必化之道以治必用之民處人主之勢以御必服之臣是以敎行而下順海内公侯奉其職貢咸來助祭聖孝之極也復何以加之孝乎○夫音扶秉音丙操七刀反處昌呂反復扶又反是故親生毓之以養父母日嚴育之者父母也故其敬父母之心生於育之恩是以愛養其父母而致尊嚴焉○毓古育字養羊尚

反傳同人質反曰聖人因嚴以教敬因親以教愛言其不失於人情也其因有尊嚴父母之心而教以愛敬所以愛敬之道成因本有自然之心也聖人之教不肅而成其政不嚴而治其所因者本也凡聖人設教皆緣人之本性而道達之也故不加威肅而教成不加嚴刑而政治以其皆因人之本性故也○治直吏反傳同道音導

父母生績章第十一 經三十字

子曰父子之道天性也言父慈而教子愛而箴愛敬之情出於中心乃其天性非因篤也君臣之誼也親愛相加則爲父子之恩尊嚴之則有君臣之誼焉此又所以爲兼之事也

父母生之績莫大焉君親臨之厚莫重焉績功也父母之生子撫之育之顧之復之攻苦之功莫大焉者也有君親之愛臨長其子恩情之厚莫重焉者也凡上之所施於下者厚

則下之報上亦厚厚薄之報各從其所施薄施而厚饋雖君不能得之於臣雖父不能得之於子民之從於厚猶飢之求食寒之欲衣厚則歸之薄則去之有由然也。長丁丈反饋其位反

孝優劣章第十二 經一百二十字

子曰不愛其親而愛他人者謂之悖德不敬其親而敬他人者謂之悖禮盡愛敬之道以事其親然後施之於人孝之本也違是道則悖亂德禮也。悖補對反下及傳皆同以訓則昏民亡則焉夫德禮不易靡人不懷德禮之悖人莫之歸故以訓民則昏亂昏亂之教則民無所取法也。亡音無夫音扶不宅於善而皆在於凶德宅居也孝弟敬順爲善德昏亂無法爲凶德不愛其親非孝弟也不敬其親非敬順也故曰不居於善皆在於凶德也。弟大計反下同雖得志君子弗從也得志謂居位行德也不誼而富

貴於我如浮雲無潤澤於萬物故君子弗從以言邪無善政不昧食其祿也君子則不然既不爲悖德悖禮之事又不爲苟求富貴也言思可道行思可樂言則思忠行則思敬不慮言行也思可道之言然後乃言言必信也思可行之事然後乃行行必果也合乎先王之法言故可道合乎先王之德行故可行也○行下孟反傳行則言行行必德行皆同樂音洛德誼可尊作事可法立德行誼不違道正故可尊也制作事業動得物宜故可法也容止可觀進退可度容止威儀也進退動靜也正其衣冠尊其瞻視俯仰曲折必合規矩則可觀矣詳其舉止審其動靜進退周旋不越禮法則可度矣度者其禮法也以臨其民是以其民畏而愛之則而象之以者以君子言行德誼進退之事也整齊嚴栗則民畏之溫良寬厚則民愛之畏之則用愛之則親民親而用則君道成矣君有君之威儀則臣下則而象之故其在位可畏施舍可愛進退可度周旋可則容止

可觀作事可法德誼可象聲氣可樂動作有文言語有章以臨其民謂之有威儀也。行下孟反樂音洛故能成其德教而行其政令上正身以率下下順上而不違故德教成而政令行也教成政行君能有其國家令聞長世臣能守其官職保族供祀順是以下皆若是是以上下能相固也。聞音問詩云淑人君子其儀不忒國風曹詩尸鳩之章也言善人君子之於威儀無差忒所以明用上誼也。忒他得反

紀孝行章第十三 經九十三字

子曰孝子之事親也條說所以事親之誼也居則致其敬養則致其樂謂虔恭朝夕盡其歡愛和顏說色致養父母孝敬之節也。養羊尚反傳同樂音洛說音悅疾則致其憂喪則致其哀祭則致其嚴父母有疾憂心慘悴卜禱嘗藥食從

病者衣冠不解行不正履所謂致其憂也親既終沒思慕號咷斬衰歠粥卜兆祖葬所謂致其哀也既葬後反虞祔練祥之祭及四時吉祀盡其齊敬之心又竭其尊肅之敬所謂致其嚴也○慘千感反悴在醉反號戶刀反咷道刀反衰七雷反歠川悅反祔音附齊側皆反

五者備矣然後能事其親五者奉生之道三事死之道二備此五者之誼乃可謂能事其親也

事親者居上不驕爲下不亂在醜不爭上上位也醜羣類也不驕善接下也不亂奉上命也不爭務和順也

居上而驕則亡爲下而亂則刑在醜而爭則兵驕而無禮所以亡也亂而不恭所以刑也爭而不讓所以兵也謂兵刃見及也

此三者不除雖日用三牲之養繇爲不孝也三者謂驕亂爭也不除言在身也三牲牛羊豕也繇固也三者在身死亡將至既自受禍父母蒙患雖日用三牲供養固爲不孝也○養羊尚反傳同繇音由

五刑章第十四 經三十七字

子曰五刑之屬三千 五刑謂墨劓剕宮大辟也其三千條墨辟之屬千刻其額墨之也劓辟之屬千截其鼻也剕辟之屬五百斷其足也宮辟之屬三百割其勢也大辟之屬二百死刑也凡五刑之屬三千也。劓魚器反剕扶味反辟婢亦反下同額息郎反斷音短 而辠莫大於不孝 言不孝之辠大於三千之刑也辠者謂居上而驕爲下而亂在醜而爭之比也。辠古罪字 要君者亡上非聖人者亡法非孝者亡親 要謂約勒也君者所以稟命也而要之此有無上之心者也聖人制法所以爲治也而非之此有無法之心者也孝者親之至也而非之此有無親之心者也三者皆不孝之甚也。要於遥反傳同亡音無下同勒郎得反治直吏反 此大亂之道也 此無上無法無親也言其不聡不仁不畏不誼爲大亂之本不可不絕也凡爲國者利莫大於治害莫大於亂亂之

所生生於不祥上不愛下下不供上則不祥也羣臣不用禮誼則不祥也有司離法而專違制則不祥也故法者至道也聖君之所以爲天下儀存亡治亂之所出也君臣上下皆發焉是以明王置儀設法而固守之卿相不得存其私羣臣不得便其親百官之事案以法則姦不生暴慢之人繩以法則禍亂不起夫能生法者明君也能守法者忠臣也能從法者良民也。治直吏反下同離力智反相息亮反夫音扶

廣要道章第十五 經八十一字

子曰教民親愛莫善於孝孝者愛其親以及人之親孝行著而愛人之心存焉故欲民之相親愛則無善於先教之以孝也。行下孟反教民禮順莫善於弟弟者敬其兄以及人之長能弟者則能敬順於人者也故欲民之以禮相順則無善於先教之以弟也。弟大計反傳同長丁丈反移風易俗莫善於樂風化也俗常也移太平之化易衰弊之常也樂五聲之主盪滌

人之心使和易專一由中情出者也故其聞之者雖不識音猶屏息靜聽深思遠慮其知音則循宮商而變節隨角徵以改操是以古之教民莫不以樂以皆爲無尙之故也。盪唐黨反滌徒歷反和易以豉反屏必領反徵張里反

安上治民莫善於禮

言禮最其善孝弟之實用也國無禮則上下亂而貴賤爭賢者失所不肖者蒙幸是故明王之治崇等禮以顯之設爵級以休之班祿賜以勸之所以政成也。弟大計反

禮者敬而已矣

禮主於敬敬出於孝弟是故禮經三百威儀三千皆殊事而合敬異流而同歸也。弟大計反

故敬其父則子說敬其兄則弟說敬其君則臣說

此言先王以子弟臣道化天下而天下子弟臣說喜也教之以孝是敬其父教之以弟是敬其兄教之以臣是敬其君也。說音悅傳同以弟大計反

敬一人而千萬人說

上說所以施敬之事此總而言也一人者各謂其父兄君千萬人者羣子弟及臣也。說音悅

所敬者寡而說

者衆此之謂要道也寡謂一人也衆謂千萬人也以孝道化民此其要者矣所以說成敬一人之誼也○說音悅

廣至德章第十六 經八十三字

子曰君子之教以孝也非家至而日見之也此又所以申明上章之誼焉言君子之教民以孝非家至而日見語之也君子亦謂先王也夫蛟龍得水然後立其神聖人得民然後成其化也○語魚據反夫音扶蛟音交教以孝所以敬天下之爲人父者也所謂敬其父則子說也以孝道教即是敬天下之爲人父者也○說音悅教以弟所以敬天下之爲人兄者也所謂敬其兄則弟說也以弟道教即是敬天下之爲人兄者也○弟大計反傳以弟同說音悅教以臣所以敬天下之爲人君者也所謂敬其

君則臣說也以臣道敎卽是敬天下之爲人君者也古之帝王父事三老兄事五更君事皇尸所以示子弟臣人之道也及其養國老則天子袒而割牲執醬而饋之執爵而酳之盡忠敬於其所尊以大化天下焉皇君也事尸者謂祭之象者也尸卽所祭之像故臣子致其尊嚴也三老者國之舊德賢俊而老所從問道諮故有三人焉五更者國之臣更習古事博物多識所從諮道訓故有五人焉。說音悅更音庚下同袒音但饋其位反酳以刃反

詩云愷悌君子民之父母 詩大雅泂酌之章也愷樂悌易也言君子敬以居身樂易于人其貴老慈幼忠愛之心似民之父母故以此詩明之也。愷苦亥反悌大計反泂音迴樂音洛下同易以豉反下同

非至德其孰能訓民如此其大者乎 孝之爲德其至矣故非有孝德其誰能以孝敎民如此其大者乎言敷德以化下下皆順而從之也

應感章第十七 經一百十三字

子曰：昔者明王事父孝，故事天明；事母孝，故事地察。孝謂立宗廟豐祭祀也。王者父事天，母事地，能追孝其父母，則事天地不失其道；不失其道，則天地之精爽明察矣。

長幼順，故上下治。謂克明厥德以親九族也。長者於王父兄之列也，幼者於王子弟之屬也。能順其長幼之節，則親疏有序，而以之化天下，上下不亂也。○長，丁丈反。傳同。治，直吏反。屬，章欲反。

天地明察，鬼神章矣。章，著也。天地既明察，則鬼神之道不得不著也。謂人神不擾，各順其常，禍災不生也。

故雖天子，必有尊也，言有父也；必有先也，言有兄也；必有長也。更申覆上誼也。天子雖尊，猶尊父，事死如事生，宗廟致敬是也。○長，丁丈反。覆，芳伏反。

宗廟致敬，不忘親也；修身慎行，恐辱先也。說所以事父母之道也。立廟設主，以象其生存，潔齊敬祀，以追孝繼思；脩行揚名，以顯明祖考，皆孝敬之事也。所以不敢不勉爲之者，恐

辱其先祖故也。○行下孟反，傳同；齊側皆反。**宗廟致敬，鬼神著矣。**上句言天地明察，鬼神以章；此句言宗廟致敬，鬼神以著。言上下各致敬以祀其先人，則鬼神有所依歸，不相干犯也，言無凶癘也。○癘音厲。**孝弟之至，通於神明，光於四海，亡所不暨。**光，充也。暨，及也。明主以孝治天下，則癘鬼爲之不神；不神者，不爲患害也。其精神徵應如此，故曰通於神明，又充塞于天地之閒焉，無所不及，言普洽也。○弟大計反；亡音無；暨其器反；爲于僞反；塞先北反；洽戶甲反。**詩云：自東自西，自南自北，亡思不服。**詩大雅文王有聲之章也。美武王孝德之至，而四方皆來服從，與光于四海無所不暨誼同，故舉以明此誼也。○亡音無。

廣揚名章第十八 經四十四字

子曰：君子事親孝，故忠可移於君；能孝於親，則必能忠於君矣。求忠臣必於

孝子之門也**事兄弟故順可移於長**善事其兄則必能順於長矣忠出于孝順出於弟故可移事父兄之忠順以事於君長也○弟大計反傳同長丁丈反傳同**居家理故治可移於官**能理於家者則其治用可移於官君子之於人內觀其事親所以知其事君內察其治家所以知其治官是以言治者必效之以其實譽人者必試之以其官故虛言不敢自進不肖不敢處官也○治直吏反傳其治言治同譽音餘處昌呂反**是以行成於內而名立於後世矣**孝弟之行事父兄也而忠順出焉能理于其家閨門事也而治官出焉所謂行成於內而名立於後世也昔虞舜生於畎畝父頑母嚚弟又很傲用能理率行孝道烝烝不怠天下推之萬姓詠之彌歷千載而聲聞不亡所謂揚名後世以顯父母也○行下孟反傳之行行成同弟大計反畎工犬反嚚魚巾反很很與狠同胡懇反推吐雷反聞音問

閨門章第十九經二十四字

子曰閨門之內具禮矣乎上章陳孝道既詳故於此都目其爲具禮矣夫禮經國家定社稷厚人民利後嗣者也君子脩孝於閨門而事君事長以治官之誼備存焉。夫音扶長丁丈反嚴親嚴兄所以言具禮之事也嚴親孝嚴兄弟也孝以事君弟以事長而忠順之節著矣。弟大計反下同長丁丈反妻子臣妾繇百姓徒役也臣謂家臣僕也故家人有嚴君焉父之謂也父謂嚴君而兄爲尊長則其妻子臣妾猶百姓徒役是故君子役私家之內而君人之禮具矣。繇音由長丁丈反

諫爭章第二十經一百四十八字

曾子曰若夫慈愛龔敬安親揚名參聞命矣慈愛者所以接下也

恭敬者所以事上也安親揚名者孝子之行也曾子稱名曰參旣得聞此命也。夫音扶龔與恭同參所金反下同行下孟反**敢問子從父之命可謂孝乎**疑思問也夫親愛禮順非違命之謂也以爲於誼有闕是以問焉。夫音扶**子曰參是何言與是何言與言之不通邪**再言之者非之深也可否相濟謂之和以水濟水謂之同和實生民同則不繼務在不避同也從是爭非和也曾子魯鈍不推致此誼故謂之不通也。與音餘下同邪音耶爭音諍**昔者天子有爭臣七人**七人謂三公及前疑後丞左輔右弼也凡此七官主諫正天子之非也。爭音諍章內及傳皆同**雖亡道不失天下**無道者不循先王之至德要道也不失天下言從諫也帝王之事一日萬機萬機有闕天子受之禍故立諫爭之官以匡己過過而能改善之大者也故凡諫所以安上猶食之肥體也主逆諫則國亡人呰食則體瘠也。亡音無下亡道同呰音紫瘠在昔反**諸侯有爭**

臣五人自上以下降殺以兩故五人五人謂天子所命之孤卿及國之三卿與大夫也○殺所戒反大夫有雖亡道不失其國誰非聖人不能無愆從諫如流斯不亡失也○愆起虔反大夫有爭臣三人三人謂家相宗老側室也○相息亮反雖亡道不失其家皆謂能受正諫善補過也天子王有四海故以天下爲稱諸侯君臨百姓故以國爲名大夫祿食采邑故以家爲號凡此皆周之班制也○稱尺證反采七代反士有爭友則身不離於令名同志爲友士以道誼相切磋者故有非則忠告之以善道謂之爭友不離善名言常在身也○離力智反傳同磋七何反告古毒反父有爭子則身不陷於不誼父有過則子必安幾諫見志而不從起敬起孝說顏說色則復諫也又不從則號泣而從之終不使父陷于不誼而已則孝子之道也○幾音機說音悅下同復扶又反號戸刀反故當不誼則子不可以不爭於父當值也值父有

不諂之事子不可以不諫爭也**臣不可以不爭於君**事君之禮值其有非必犯嚴顏以道諫爭三諫不納奉身以退有臣正之忠無阿順之從良臣之節也若乃見可諫而不諫謂之尸位見可退而不退謂之懷寵懷寵尸位國之姦人也姦人在朝賢者不進苟國有患則優俺侏儒必起議國事矣是謂人主歐國而捐之也。三息暫反朝直遙反俺與閹同一作奄歐起俱反**故當不諂則爭之從父之命又安得爲孝乎**從命不得爲孝則諫爲孝矣故臣子之於君父值其不諂則必諫爭所以爲忠孝者也重見當其不諂也夫臣能固爭至忠子能固諫至孝也人主忌忠謂之不君人父忌孝謂之不父忌忠孝則大亂之本也。重直用反夫音扶

事君章第二十一 經四十九字

子曰君子之事上也上謂君父此之謂君子以德稱也有君子之德而在下位固所以宜

事君也

進思盡忠退思補過進見於君則必竭其忠貞之節以圖國事直道正辭有犯無隱退還所職思其事宜獻可替否以補主過所以爲忠君有過而臣不行謂之補過也。見賢遍反

將順其美匡救其惡將行也宜行其法令順之而不逆君有過臣舉言而匡之救其邪辟之行使不至於惡此臣之所以爲功也故明王審言教以清法案分職以課功立功者賞亂政者誅誅賞之所加各得其宜也。辟匹亦反之行下孟反分扶問反

故上下能相親也道主以先王之行拯主於無過之地君臣並受其福上下交和所謂相親是故詳才量能講德而舉上之道下也盡忠守節謨明弼諧下之事上也爲人君而下知臣事則有司不任爲人臣而上專主行則上失其威是以有道之君務正德以流下而下不言知能之術知能下所以供上也所以用知能者上之道也故不言知能而政治者善人舉官人得視聽者衆也夫人君坐萬物之源而官諸生之職者也上有其道下守其職上下之分定也。道音導下道下同

行下孟反而同拯拯救之拯溢音利爻音頻治直吏反夫音扶分扶問反詩云心乎愛矣遐不謂矣遐不謂矣言謂之也君子心誠愛其上則遠乎不以善事語之也。語魚據反忠心臧之何日忘之君子忠心實善則何日豈忘謂其上乎言每欲語之也君子事上諂與詩同故取以明之此詩小雅隰桑之章也。臧子郎反語魚據反

喪親章第二十二經一百四十二字

子曰孝子之喪親也父母沒斬衰居憂謂之喪親也。哀七雷反後皆同哭不依斬衰之哭其聲若往而不反無依違餘音也喪禮亡容事質素無容儀所以主於哀也。亡音無下同言不文發言不文飾其辭也斬衰之言唯而不對所以爲不文也。唯維癸反服美不安夫唯不安故不服也美謂錦繡盛服也先王制禮稱情立文凶服象其憂吉服象其樂各所以表飾中情也是

以哀麻在身即有悲哀之色端冕在身即有矜莊之色介胄在身即有可畏之色也。夫音扶稱尺證反樂音洛**聞樂不樂食旨不甘**旨亦美也其不樂故不聽不美故不食孝子思慕之至也。不樂音洛傳同**此哀戚之情也**所以解上六句之語明有內發非虛加也**三日而食教民亡以死傷生也**禮親終哭踊無數水漿不入口毀竈不舉火既斂之後鄰里為之饘粥以飲食之三日以終者聖人立制足文理不以死傷生也。斂力驗反後同饘之然反粥之六反飲於鴆反食音嗣**毀不滅性此聖人之正也**孝子在喪可以毀瘠杖然後起而不可滅性滅性謂不勝喪而死不勝喪則此比於不孝此聖人之正制也。瘠在昔反勝音升下同**喪不過三年示民有終也**孝子有終身之憂然三年之喪二十五月而畢服節雖闋心弗之忘若遂其本性則是無窮也故以禮取中制為三年使賢者俯就不肖者企及所以示民有竟之限也。闋苦穴反企邱豉

反爲之棺椁衣衾以舉之禮爲死制椁椁周於棺棺周於衣衣周於身衣卽斂衣衾被也舉尸內之棺椁也○棺音官椁音郭爲死于僞反內音納陳其簠簋而哀戚之簠簋祭器盛黍稷者祭器陳列而不御黍稷潔盛而不毀孝子所以重增哀戚也○簠音甫簋音軌盛音成下同重直龍反哭泣擗踊哀以送之卜其宅兆而安措之拊心曰擗跳曰踊所以泄哀也男踊女擗哀以送之送之送之送墓始死牖下浴於中霤飯於牖下斂於戶內殯於客位祖奠於庭送葬於墓彌以卽遠也卜其葬地定其宅兆兆謂塋域宅謂穴措置也安置棺椁於其穴卜葬地者孝子重愼恐其下有伏石漏水後爲市朝遠防之也○擗婢亦反拊與椎同一作柎跳徒彫反泄息列反牖羊九反霤力又反飯扶晚反殯必刃反塋音營朝直遙反爲之宗廟以鬼享之春秋祭祀以時思之三年喪畢立其宗廟用鬼禮享祀之也言春則有夏言秋則有冬舉春秋而四時之誼存

矣春雨既濡君子履之必有怵惕之心感親而脩祭焉所謂以時思之也○亨許丈反通作享怵敕律反惕他歷反**生事愛敬死事哀戚**父母生則事之以愛敬死則事之以哀戚糾撮上章之要也○糾居黝反撮七活反**生民之本盡矣**謂立身之道盡於孝經之誼也**死生之誼備矣**事死事生之誼備於是也**孝子之事終矣**言爲孝子之道終竟於此篇也

通計經一千八百六十一字傳八千七百九十四字

孝經終